普通高等教育"十一五"国家级规划教材辅助教材

医学细胞生物学学习指导及习题集

（第二版）

主　编　胡火珍　杨春蕾

科学出版社

北　京

内 容 简 介

本书以杨抚华主编的《医学细胞生物学》(第6版)(科学出版社，2011)为依据，并参考近五年国内外出版的同类本科生教材而编写。

本书共6篇27章，每一章都含教学要求、知识要点、练习题及参考答案四个部分。练习题有选择题(A型题、B型题及X型题)、名词解释及问答题等类型。

本书有选择地针对教学内容进行分析、归纳、释疑、解难。对于教学内容分为三级要求，明确提出掌握、熟悉和了解的内容，使教学要求具体化，从而能较好地抓住教材中的重点和难点。对必需的相关内容，也适当地进行了补充。

本书可作为医学院校本科学生学习医学细胞生物学的辅助教材，也可作为研究生入学考试的复习指导书以及教师教学的参考书。

图书在版编目(CIP)数据

医学细胞生物学学习指导及习题集/胡火珍，杨春蕾主编. —2版. —北京：科学出版社，2011.6

普通高等教育"十一五"国家级规划教材辅助教材

ISBN 978-7-03-031036-1

Ⅰ.①医… Ⅱ.①胡…②杨… Ⅲ.①人体细胞学：细胞生物学-高等学校-教学参考资料 Ⅳ.①R329.2

中国版本图书馆CIP数据核字(2011)第101522号

责任编辑：王国栋 李晶晶/责任校对：陈玉凤
责任印制：吴兆东/封面设计：科地亚盟图文设计有限公司

科学出版社 出版
北京东黄城根北街16号
邮政编码：100717
http://www.sciencep.com

北京华宇信诺印刷有限公司印刷
科学出版社发行 各地新华书店经销
*

2006年8月第 一 版　开本：720×1000　1/16
2011年6月第 二 版　印张：11
2025年9月第八次印刷　字数：220 000

定价：**39.80元**
(如有印装质量问题，我社负责调换)

《医学细胞生物学学习指导及习题集》编委会

主　编　胡火珍　杨春蕾

编　者（按篇章节顺序排列）

　　　　　杨抚华　杨春蕾　陶大昌　杨俊宝　梁素华
　　　　　李　虹　朱海英　税青林　田　强　刘　岚
　　　　　罗素元　何永蜀　王大忠　李学英　李晓文
　　　　　郑　红　张　闻　胡火珍　杨雨晗　訾晓渊

第 2 版前言

《医学细胞生物学学习指导及习题集》(第 2 版)是《医学细胞生物学》(杨抚华主编)(第 6 版)的配套辅助教材,各章设置与《医学细胞生物学》(第 6 版)一一对应。包括教学要求、知识要点、练习题和参考答案。每章教学内容概括了相应章节的知识点。对教学内容分为三级要求,明确提出掌握、熟悉和了解的内容,使教学要求具体化,从而使学生能较好地抓住教材中的重点和难点。

在编写过程中,为了适应《医学细胞生物学》(第 6 版)新增内容需要,在上一版的基础上重新调整了习题类型和数量,尽量做到各个知识点都有相应的练习题。并参考近五年国内外出版的同类本科生教材,增加了相应的内容。

《医学细胞生物学学习指导及习题集》(第 2 版)可作为学习医学细胞生物学的辅导教材、研究生细胞生物学入学考试复习指导书以及教学参考书。

参加本书编写的作者基本上都是编写《医学细胞生物学》(第 6 版)的老、中、青教师,是在教学第一线、有一定经验的,本书由他们数易其稿而编写完成。

本书的编写得到四川大学杨抚华教授的大力支持和关心。本书的编写和出版,得到科学出版社的大力支持,特别是本书的责任编辑王国栋同志,提出对本书的出版要求和编写中应注意的问题等。对以上单位和同志的关心、支持和帮助表示衷心的感谢。

本书的编写,尽管各位编者花了不少时间和精力,深思熟虑,反复推敲,但不妥之处在所难免,我们殷切期望同行专家及使用本书的老师和同学们提出宝贵意见,使本书再版时更为完善。

胡火珍
2010 年 12 月于四川大学

第 1 版前言

《医学细胞生物学》是医学各专业的一门基础理论课程,是基础医学、临床医学、口腔医学、预防医学和检验医学等专业必不可少的一门基础课程。

细胞生物学被认为是当今生命科学中的重点核心学科之一,也是生命科学的四大前沿学科之一。它的理论和知识已经渗透到医学科学的各个方面和各个层次,成为认识人类各种生命现象和解决各种医学问题的重要基础。因此,细胞生物学是现代医学工作者知识结构的重要组成部分之一。

由于目前《医学细胞生物学》教学时数较少,对于基本理论部分教师在课堂上往往难于深入讲解,而基本知识部分又不可能完全让学生课外自学,同时,有的内容学生自学也有一定困难。为解决上述问题,四川大学医学生物学与细胞生物学教研室的教师们,经过长时间的酝酿和讨论,决定编写这本《医学细胞生物学学习指导》一书,以帮助医学各专业学习本课程的同学,更好地掌握这门重要的基础课程。为其学好后续课程奠定良好的基础,也可为教授本门课程的教师提供参考。

本书主要以杨抚华、胡以平主编的《医学细胞生物学》第 4 版(科学出版社,2002 年)一书为依据,并参考国内外相关教材进行编写。本书根据内容的不同,有的以篇或章划分,有的以节编写。不论篇、章、节均含教学要求、教学内容提要、重点名词及自测题(练习题及参考答案)。

教学要求部分对每一篇(章、节)的教学内容中,哪些应达到掌握、哪些属于熟悉或了解,都分别明确提出。教学内容提要部分是在教学要求的基础上,进一步提出基本概念和主要内容,明确其较为重要的基础理论和基本知识,以使之在教学中特别给以重视,这实际上是教学要求的具体化,从而便于抓住教材中的重点。重点名词部分是本篇(章、节)最重要的名词,这对理解主要内容将有极大帮助。自测题(练习题及参考答案)部分是在系统学习以后,用于检验对基础理论和基本知识的全面掌握程度,使学生熟悉考试方式和试题类型,也利于培养学生综合分析问题和解决问题的能力。主要参考文献部分是编写本书时的参考依据,也可作为推荐给大家学习时的参考书目。

参加本书编写的作者都是四川大学医学生物学与细胞生物学教研室的老、中、青教师,是在教学第一线、有一定经验的,本书由他们数易其稿而编写完成。

本书的编写得到四川大学各级领导的支持和关心,四川大学华西医院陶大昌同志负责书稿的打印和编排,并协助编委会做了许多具体工作。本书的编写和出版,得到科学出版社的大力支持,特别是本书的责任编辑周辉同志,提出对本书的出版要求和编写中应注意的问题等。对以上单位和同志的关心、支持和帮助表示衷心的感谢。

本书的编写,是编者们的初次尝试,尽管各位编者花了不少时间和精力,深思熟虑，反复推敲，但不可避免地还存在这样那样的问题，我们殷切期望同行专家及使用本书的老师和同学们提出宝贵意见，使本书在再版时更为完善，以更加适合我国高等医学院校医学细胞生物学的教学实际，以期在医学教育中发挥其应有的作用，更好地为医学各专业的老师和同学们服务。

杨抚华

于四川大学华西医学中心

2006 年 5 月

目 录

第 2 版前言

第 1 版前言

第一篇 概 论

第一章 细胞生物学概述 ·· 1
　　【教学要求】 ··· 1
　　【知识要点】 ··· 1
　　【练习题】 ·· 2
　　【参考答案】 ··· 4

第二章 细胞生物学的研究技术和方法 ··· 5
　　【教学要求】 ··· 5
　　【知识要点】 ··· 5
　　【练习题】 ·· 7
　　【参考答案】 ·· 10

第三章 细胞的分子基础 ·· 12
　　【教学要求】 ··· 12
　　【知识要点】 ··· 12
　　【练习题】 ·· 14
　　【参考答案】 ··· 17

第四章 细胞的起源与其基本结构 ·· 19
　　【教学要求】 ··· 19
　　【知识要点】 ··· 19
　　【练习题】 ·· 20
　　【参考答案】 ··· 22

第二篇 细胞膜及其表面

第五章 细胞膜的分子结构和特性 ·· 24
　　【教学要求】 ··· 24
　　【知识要点】 ··· 24
　　【练习题】 ·· 25

【参考答案】 …… 28
第六章　细胞表面及其特化 …… 30
　　【教学要求】 …… 30
　　【知识要点】 …… 30
　　【练习题】 …… 31
　　【参考答案】 …… 34
第七章　细胞膜与物质转运 …… 35
　　【教学要求】 …… 35
　　【知识要点】 …… 35
　　【练习题】 …… 36
　　【参考答案】 …… 39
第八章　细胞膜与细胞的信号转导 …… 41
　　【教学要求】 …… 41
　　【知识要点】 …… 41
　　【练习题】 …… 43
　　【参考答案】 …… 46
第九章　细胞膜与细胞识别 …… 49
　　【教学要求】 …… 49
　　【知识要点】 …… 49
　　【练习题】 …… 50
　　【参考答案】 …… 51
第十章　细胞膜与医药学 …… 52
　　【教学要求】 …… 52
　　【知识要点】 …… 52
　　【练习题】 …… 53
　　【参考答案】 …… 54

第三篇　细胞质和细胞器

第十一章　细胞质基质 …… 56
　　【教学要求】 …… 56
　　【知识要点】 …… 56
　　【练习题】 …… 57
　　【参考答案】 …… 57
第十二章　内膜系统 …… 58
　　【教学要求】 …… 58
　　【知识要点】 …… 58

  【练习题】 ……………………………………………………………………………… 64
  【参考答案】 …………………………………………………………………………… 69
第十三章 线粒体 …………………………………………………………………………… 71
  【教学要求】 …………………………………………………………………………… 71
  【知识要点】 …………………………………………………………………………… 71
  【练习题】 ……………………………………………………………………………… 74
  【参考答案】 …………………………………………………………………………… 79
第十四章 核糖体 …………………………………………………………………………… 82
  【教学要求】 …………………………………………………………………………… 82
  【知识要点】 …………………………………………………………………………… 82
  【练习题】 ……………………………………………………………………………… 84
  【参考答案】 …………………………………………………………………………… 85
第十五章 细胞骨架 ………………………………………………………………………… 87
  【教学要求】 …………………………………………………………………………… 87
  【知识要点】 …………………………………………………………………………… 87
  【练习题】 ……………………………………………………………………………… 90
  【参考答案】 …………………………………………………………………………… 94

第四篇 细 胞 核

第十六～二十章 ………………………………………………………………………………… 97
  【教学要求】 …………………………………………………………………………… 97
  【知识要点】 …………………………………………………………………………… 97
  【练习题】 ……………………………………………………………………………… 101
  【参考答案】 …………………………………………………………………………… 112

第五篇 细胞分裂繁殖与生长发育

第二十一章 细胞的分裂 …………………………………………………………………… 115
  【教学要求】 …………………………………………………………………………… 115
  【知识要点】 …………………………………………………………………………… 115
  【练习题】 ……………………………………………………………………………… 116
  【参考答案】 …………………………………………………………………………… 120
第二十二章 细胞周期 ………………………………………………………………………… 122
  【教学要求】 …………………………………………………………………………… 122
  【知识要点】 …………………………………………………………………………… 122
  【练习题】 ……………………………………………………………………………… 124

|　　【参考答案】……………………………………………………………………………… 128
第二十三章　细胞分化 ……………………………………………………………………… 131
|　　【教学要求】……………………………………………………………………………… 131
|　　【知识要点】……………………………………………………………………………… 131
|　　【练习题】………………………………………………………………………………… 133
|　　【参考答案】……………………………………………………………………………… 136
第二十四章　细胞衰老和死亡 ……………………………………………………………… 138
|　　【教学要求】……………………………………………………………………………… 138
|　　【知识要点】……………………………………………………………………………… 138
|　　【练习题】………………………………………………………………………………… 140
|　　【参考答案】……………………………………………………………………………… 142
第二十五章　干细胞及其应用 ……………………………………………………………… 144
|　　【教学要求】……………………………………………………………………………… 144
|　　【知识要点】……………………………………………………………………………… 144
|　　【练习题】………………………………………………………………………………… 146
|　　【参考答案】……………………………………………………………………………… 149

第六篇　细胞工程

第二十六章　动物细胞工程所涉及的主要技术领域 …………………………………… 151
|　　【教学要求】……………………………………………………………………………… 151
|　　【知识要点】……………………………………………………………………………… 151
|　　【练习题】………………………………………………………………………………… 153
|　　【参考答案】……………………………………………………………………………… 156
第二十七章　动物细胞工程的应用 ………………………………………………………… 158
|　　【教学要求】……………………………………………………………………………… 158
|　　【知识要点】……………………………………………………………………………… 158
|　　【练习题】………………………………………………………………………………… 159
|　　【参考答案】……………………………………………………………………………… 162
主要参考文献 ………………………………………………………………………………… 164

第一篇 概 论

第一章 细胞生物学概述

【教学要求】

(一) 掌握

(1) 细胞生物学及其研究对象与目的。
(2) 细胞生物学与医学的关系。

(二) 了解

细胞生物学发展历史。

【知识要点】

(一) 基本概念

(1) 细胞生物学（cell biology） 细胞生物学是运用近代物理化学技术和分子生物学方法，从不同层次研究细胞生命活动规律的学科。现代细胞生物学实际上是分子生物学与细胞生物学的结合，即细胞分子生物学（molecular biology of the cell）。

(2) 细胞形态学（cytomorphology） 细胞形态学是研究细胞形态和结构及其在生命过程中变化的科学。

(3) 细胞生理学（cytophysiology） 细胞生理学研究的是细胞的生命活动规律。晚近特别着重于从分子和胶体水平去阐明细胞生理活动过程的物理化学基础。

(4) 细胞学说（cell theory） 细胞学说的主要内容：①系统地论证了细胞是动、植物有机体的基本结构单位和功能单位；②论证了动、植物各种组织的细胞具有共同的基本结构、基本特性，并按共同的规律发育，有共同的生命过程；③论证了细胞也有自己的生长发展过程。细胞学说的建立明确了动、植物界的统一。

(5) 程序性细胞死亡（programmed cell death） 又称凋亡（apoptosis），是细胞在一定发育时期出现的正常死亡。

(二) 主要内容

(1) 细胞生物学是运用近代物理化学和分子生物学方法，从不同层次研究细胞生命活动规律的科学。

(2) 细胞生物学研究的核心问题是发育与遗传的关系。遗传是在发育过程中实现的，而发育又要以遗传为基础。

(3) 细胞生物学的发展简史。

(4) 细胞生物学是基础医学和临床医学的重要基础。

【练习题】

(一) A 型题

1. 关于细胞的研究是从几个层次进行的？（ ）
A. 1　　　　　B. 2　　　　　C. 3
D. 4　　　　　E. 5

2. 细胞是有机体（ ）的基本单位。
A. 形态　　　B. 结构　　　C. 机能
D. 形态和结构　　E. 个体

3. 从生命结构层次来看，细胞生物学介于（ ）之间。
A. 整体和个体　B. 细胞与分子　C. 个体与个体
D. 整体与分子　E. 分子生物学与个体生物学

4. 细胞一词首先由哪位科学家提出的？（ ）
A. Z. Janssen　B. R. Hooke　C. A. Von Leeuwenhoek
D. R. Brown　E. Dujerdin

5. 首先提出原生质（protoplasm）概念的学者是（ ）。
A. K. E. V. Bear　　　B. E. Dujerdin
C. M. Schultze　　　　D. Purkinje
E. Oschatz

6. 细胞学说是由以下哪位或哪几位学者建立的？（ ）
A. Golgi　　　　　　　B. M. J. Schleiden
C. T. Schwann　　　　 D. Corti 和 Hartig
E. M. S. Schleiden 和 T. Schwann

7. 组织匀浆的差速离心方法主要是由以下哪位学者发展起来的？（ ）
A. Harrison　B. A. Carrel　C. J. Brechet
D. Caspersson　E. A. Claude

8. 白血病的发生是由于（ ）而造成的。
A. 95%前 T 细胞死亡　　　B. 95%前 B 细胞死亡

C. 程序性细胞死亡发生障碍　　　D. 自身免疫性疾病

E. 以上都不是

9. 哺乳动物中参与程序性细胞死亡调控的是（　　）。

A. 癌基因　　　B. 原癌基因　　C. 细胞癌基因

D. 抑癌基因　　E. 癌基因和抑癌基因

10. 为了防止有机体的排他性而设计达到细胞功能的一种结构是（　　）。

A. 人工细胞　　B. 人工组织　　C. 培养细胞

D. 细胞生长因子　　　　E. 三维微重力细胞培养器

(二) B 型题

1. A. 细胞学　B. 细胞生物学　C. 细胞分子生物学

① 20 世纪以来实验细胞学发展的新阶段是（　　）。

② 研究细胞生命现象的科学是（　　）。

③ 分子生物学与细胞生物学的结合是（　　）。

2. A. 细胞形态学　　　　B. 细胞化学
   C. 细胞生理学　　　　D. 细胞遗传学

① 研究细胞的生命活动规律，着重从分子水平和胶体水平去阐明细胞生理活动过程的理化基础的是（　　）。

② 研究细胞结构的化学成分的定位、分布及其生理功能的是（　　）。

③ 研究细胞形态和结构及其在生命过程中变化的是（　　）。

④ 根据染色体遗传学说发展起来的一门边缘学科是（　　）。

3. A. K. E. V. Bear　　　　B. R. Brown
   C. Ernest　　　　　　　D. Waldyer
   E. Flemming　　　　　　F. Strasburger

① 将细胞有丝分裂分为前期、中期、后期和末期的学者是（　　）。

② 首先在蛙卵中看见细胞核的学者是（　　）。

③ 将细胞分裂命名为有丝分裂的学者是（　　）。

④ 发现植物表皮细胞中细胞核的学者是（　　）。

⑤ 设计出近代复式显微镜的学者是（　　）。

⑥ 命名染色体的学者是（　　）。

(三) 问答题

1. 简述细胞学说的主要内容。

2. 如何理解细胞生物学与医学的关系？

【参考答案】

(一) A 型题

1. C 2. D 3. E 4. B 5. D
6. E 7. E 8. C 9. E 10. A

(二) B 型题

1. ① B   ② A   ③ C
2. ① C   ② B   ③ A   ④ D
3. ① F   ② A   ③ E   ④ B   ⑤ C   ⑥ D

(三) 问答题

1. 主要内容是：① 系统地论证了细胞是有机体的基本结构和机能单位；② 论证了动、植物各种组织的细胞有共同的基本结构、基本特性，并按共同规律发育，有共同的生命过程；③ 论证了细胞有自己的生长发育过程。

2. ① 细胞生物学是基础医学、临床医学及预防医学等医学科学的重要基础之一，十分重要；② 当前人类面临的巨大社会问题以及严重威胁人类健康的癌症、心血管疾病等问题解决的希望均寄托于生命科学的成就，而细胞生物学是生命科学的四大前沿学科之一，因此受到现代医学有关领域专家学者的广泛关注和重视。

(四川大学 杨抚华 杨春蕾)

第二章 细胞生物学的研究技术和方法

【教学要求】

(一) 掌握

(1) 细胞显微结构和亚微结构的观察技术。
(2) 细胞培养技术和细胞融合技术。

(二) 熟悉

(1) 免疫荧光镜检术。
(2) 放射自显影术。
(3) 细胞组分的分级分离。

(三) 了解

(1) 细胞显微分光光度测定术。
(2) 流式细胞计量术。
(3) 细胞电泳术。
(4) 基因和蛋白质研究技术。

【知识要点】

(一) 基本概念

(1) 分辨率（力）（resolution） 分辨率（力）是指能区分相邻两点的最小距离的能力。

(2) 光学显微镜（light microscope） 这是指以可见光为照明光源的显微镜。

(3) 相差显微镜（phase contrast microscope） 这是指可将透过标本的光线光程差或相位差转换成肉眼可分辨的振幅差显微镜，提高了密度不同的物质图像的明暗区别。光线通过密度不同的物质时，呈现为明暗不同的图像。因此，相差显微镜可用于观察未经染色的细胞结构。

(4) 暗视场显微镜（darkfield microscope） 这是指设计光学系统使微小颗粒受到低角度侧射光而显亮的显微镜，背景为暗视场。

(5) 荧光显微镜（fluorescence microscope） 这是指用紫外线作光源，激发细胞某些物质发射荧光，以观察细胞荧光物质的分布的显微镜，亦可进行定量测定。

(6) 立体显微镜（stereomicroscope） 这是指用于放大解剖标本的一类光学显微

镜，采用直射光或透射光照明标本。

(7) 干涉显微镜（interference microscope） 这是指一种利用透过标本光束与参照光束在成像焦面合轴造成干涉效应来观察半透明标本和测定折射率的显微镜。

(8) 倒置显微镜（inverted microscope） 这是指物镜置于镜台下方，从下方观察标本的显微镜。特别适于培养细胞和显微操作观察。

(9) 电子显微镜（electron microscope） 这是指一类用电子束为光源显示标本亚微结构的显微镜。电子显微镜分为透射电镜和扫描电镜等。

(10) 高压电子显微镜（high voltage electron microscope） 这是指一种利用电压达 10^6 V 的加速电子束的透射电子显微镜，电子束可穿透厚达 $1\mu m$ 的切片。

(11) 扫描电子显微镜（scanning electron microscope，SEM） 这是指应用电子束在喷镀重金属样品表面扫描而成像的一种电子显微镜。它主要用于研究样品表面的形貌与成分。

(12) 扫描隧道显微镜（scanning tunnel microscope，STM） 这是指利用量子隧道效应产生隧道电流的原理制作的显微镜，当其扫描物质表面时可产生原子级的图像，在生物学中，它可观察大分子和生物膜的分子结构。

(13) 透射电子显微镜（transmission electron microscope，TEM） 这是指利用透射样品的电子成像的电子显微镜。

(14) 原子力显微镜（atomic force microscope） 这是指根据扫描隧道显微镜的原理设计的高速拍摄三维图像的显微镜，它可观察大分子在体内的活动变化。

(15) 流式细胞计量术（flow cytometry，FCM） 这是指用荧光剂对细胞特定成分染色，测定细胞悬液中单个细胞或细胞成分的荧光参数的技术。

(16) 细胞光度术（cytophotometry） 这是指对细胞内某些化学物质进行光学上的数量分析的技术。其为定量细胞化学及定量组织化学的常用技术之一。

(17) 细胞培养（cell culture） 这是指在离体条件下维持细胞生长与增殖的技术。

(18) 细胞融合（call fusion） 细胞融合亦称细胞杂交（cell hybridization）。这是指自然状态下两个或两个以上的细胞融合为一个细胞，如骨骼肌的形成；人工细胞融合是利用融合剂，如副流感病毒或聚乙二醇，诱导两个或两个以上细胞合并的过程。

(19) 显微分光光度计（microspectrophotometer） 这是指用来检测由细胞发出的光的分光光度计。

(20) 悬滴培养（hanging drop culture） 这是指将细胞培养液在玻片下表面利用表面张力制成悬滴，做短时间培养和进行显微镜观察。

(21) 悬浮培养（suspension culture） 这是指利用搅拌或振荡使细胞处于悬浮状态进行的细胞培养。

(22) 原代培养（primary culture） 这是指直接从生物体内获取组织细胞进行的首次培养称为原代培养。

(23) 继代培养 (secondary culture)　这是指将原代细胞分散后，继续在新培养基中进行的扩大培养。

(24) 连续培养 (continuous culture)　这是指在液体培养基中维持微生物以恒定速率持续生长的技术。

(25) 密度梯度离心 (density gradient centrifugation)　这是指利用离心方法将大分子或颗粒样品通过密度梯度介质进行离心分离的技术。

(26) PCR 技术 [聚合酶链反应 (polymerase chain reaction, PCR)]　这是在体外快速扩增特异性 DNA 片段的技术。它利用 DNA 半保留复制原理，通过控制温度，使 DNA 处于"变性—复性—合成"的反复循环中，合成一条条互补的 DNA 链。

(27) 基因芯片 (gene chip) 技术　这是一种特殊类型的核酸杂交技术，其特点是，用于杂交的探针被固定在固相支持物（如玻璃片、硅片、硝酸纤维素膜）上，在每个支持物表面固定有大量（通常每平方厘米高于 400）的特定基因片段或寡核苷酸探针，这些探针有规律地排列成二维 DNA 阵列，故又称为 DNA 微阵列芯片 (DNA microarray)。基因芯片与带有荧光标记的样品 DNA 分子按碱基配对原理进行杂交，通过检测杂交的荧光强度就可获取样品分子的数量和序列信息。

(二) 主要内容

细胞生物学的发展在一定程度上依赖于研究技术的进步与实验装备的更新。随着细胞生物学的发展，实验手段也日益要求现代化，而实验技术水平和装备水平又决定着细胞生物学的发展水平。因此，广泛采用新技术和新方法实现实验手段的现代化也是细胞生物学发展的重要趋势。

细胞生物学的研究技术和方法有形态学观察技术、细胞和亚细胞组分的测定方法以及细胞培养和细胞融合等技术。

(1) 形态结构观察技术。进行细胞形态结构观察的技术主要包括用于显微结构观察的光学显微镜方法和用于亚显微结构观察的电子显微镜方法。

(2) 细胞和亚细胞组分的测定。这是在形态学研究的基础上再进一步配合细胞组分的测定而进行的测定，以及利用生物化学和物理学方法研究细胞和亚细胞的结构和功能。

(3) 细胞生物学的研究技术，还包括细胞培养、细胞融合及细胞电泳等方法。

【练习题】

(一) A 型题

1. 细胞的显微观察一般用（　　）。
A. 普通光学显微镜　　　　　　B. 相差显微镜
C. 干涉显微镜　　　　　　　　D. 荧光显微镜
E. 暗视场显微镜

2. 由光源、滤色系统和光学系统等主要部件构成的显微镜是（　　）。
   A. 干涉显微镜　　　　　　　B. 荧光显微镜
   C. 暗视场显微镜　　　　　　D. 普通光学显微镜
   E. 相差显微镜
3. 细胞的分子结构应称为（　　）。
   A. 显微结构　　B. 亚微结构　　C. 超微结构
   D. 原子结构　　E. 以上都不是
4. 加速电压超过 500kV 的电镜称为（　　）。
   A. 透射电镜　　　　　　　　B. 扫描电子显微镜
   C. 扫描隧道电子显微镜　　　D. 高压电子显微镜
   E. 以上都不是
5. 研究分子中的原子排列的技术是（　　）。
   A. 透射电镜技术　　　　　　B. 细胞化学技术
   C. 放射自显影技术　　　　　D. 细胞分光光度测定技术
   E. X 射线衍射技术
6. 在液体系统中，对单个细胞进行高速定量分析和分类的技术是（　　）。
   A. 细胞显微分光光度测定技术　B. 荧光细胞化学技术
   C. 免疫荧光镜检技术　　　　D. 放射自显影技术
   E. 流式细胞计量技术
7. 在离体培养条件下，维持细胞生长与增殖的技术是（　　）。
   A. 细胞融合　　B. 细胞杂交　　C. 细胞培养
   D. 继代培养　　E. 原代培养
8. 物镜置于镜台下方，从下方观察标本的显微镜是（　　）。
   A. 干涉显微镜　　B. 立体显微镜　　C. 相差显微镜
   D. 暗视场显微镜　　　　　　E. 倒置显微镜
9. 一类能高速拍摄三维图像的显微镜，可观察大分子在体内的活动变化的显微镜为（　　）。
   A. 扫描隧道电子显微镜　　　B. 透射电子显微镜
   C. 原子力显微镜　　　　　　D. 扫描电子显微镜
   E. 干涉显微镜
10. 显示 DNA 的特异性细胞化学法是（　　）。
    A. 超薄切片法　　B. 负染色技术　　C. 冰冻蚀刻术
    D. Feulgan 法　　E. 以上都不是

(二) B 型题

1. A. 分辨力　　　B. 原代培养　　　C. 悬浮培养　　　D. 传代培养
   E. 连续培养

① 直接从生物体内获取组织细胞进行首次培养的称为（　　）。
② 利用搅拌或振荡使细胞处于悬浮状态进行的培养称为（　　）。
③ 在液体培养基中维持微生物以恒定速率持续生长的技术称为（　　）。
④ 能区分相邻两点的最小距离的能力为（　　）。
⑤ 将原代细胞分散后继续在新培养基中进行扩大培养的为（　　）。

2. A. 细胞光度术　　　　B. 流式细胞计量术　　C. 倒置显微镜
   D. 高压电子显微镜　　E. 荧光显微镜　　　　F. 原子力显微镜

① 一种利用电压达 10^6 V 的加速电子束的透射电镜为（　　）。
② 物镜置于镜台下方，从下方观察标本的显微镜是（　　）。
③ 对细胞内某些化学物质进行光学上的数量分析的技术称为（　　）。
④ 用紫外线作光源，激发细胞某些物质发射荧光的显微镜是（　　）。
⑤ 根据扫描隧道显微镜的原理设计的高速拍摄三维图像的显微镜是（　　）。
⑥ 用荧光剂对细胞特定成分染色，测定细胞悬液中单个细胞或细胞成分的荧光参数的技术为（　　）。

(三) X 型题

1. 电镜超薄切片的制备步骤有（　　）。
   A. 固定　　　　B. 包埋　　　　C. 染色
   D. 超薄切片　　E. 锇酸染色

2. 电子显微镜包括（　　）。
   A. 扫描电子显微镜　　　　　B. 透射电子显微镜
   C. 原子力电子显微镜　　　　D. 高压电子显微镜
   E. 荧光电子显微镜

3. 现已用扫描隧道显微镜研究的生物样品有（　　）。
   A. DNA　　　B. 生物膜　　　C. tRNA
   D. 细菌细胞壁　　E. 病毒

4. 常用的荧光素有（　　）。
   A. 戊二醛　　B. 吖啶橙（AO）　C. 溴化乙锭（EB）
   D. 罗丹明　　E. 异硫氰酸荧光素（FITC）

5. 用放射自显影技术可制备的标本有（　　）。
   A. 整体小动物脏器切片　　　B. 超薄切片
   C. 大动物的脏器切片　　　　D. 细胞切片
   E. 组织切片

6. 细胞分级分离法的步骤有（　　）。
   A. 组织细胞匀浆　B. 细胞匀浆沉淀　C. 分级分离
   D. 差速密度梯度离心　　　E. 分析

7. 细胞培养的突出优点是（　　）。

A. 简化了环境因素，排除了体内复杂因素的影响
B. 便于应用各种物理、化学和生物等外界因素
C. 可长期研究和观察细胞遗传学行为的改变
D. 可同时提供大量生物性状相同的细胞
E. 可与体内细胞完全等同看待

(四) 问答题

1. 为什么超高压电镜可观察到细胞的三维图像，如细胞骨架系统等？
2. 使用什么仪器首次观察到了DNA的形貌，为什么？
3. 要扩增一个DNA片段，操作的步骤如何？

【参考答案】

(一) A 型题

1. A   2. B   3. C   4. D   5. E
6. E   7. C   8. E   9. C   10. D

(二) B 型题

1. ① B   ② C   ③ E   ④ A   ⑤ D
2. ① D   ② C   ③ A   ④ E   ⑤ F   ⑥ B

(三) X 型题

1. ABCD   2. ABD   3. ABCD   4. BCDE   5. ACDE
6. ACE   7. ABCD

(四) 问答题

1. 由于超高压电镜景深很大，厚样品在不同高度上的细节都能同时清楚地成像在同一平面上，因而得到的图像实际上是一张在不同高度的叠加像。所以，如在样品的同一部位从两个不同的角度得到的两张照片，再用立体镜进行观察，就如同看立体电影一样，可观察到细胞内的三维空间的微细结构。

2. 扫描隧道显微镜是20世纪80年代初发展起来的研究物质表面结构的新型显微镜和表面分析仪器。它的应用，使人们的视野延伸到了原子的尺度。

扫描隧道显微镜利用的是量子力学中的隧道效应。它可获得样品表面的高分辨甚至原子的分辨图像，它不仅能够提供样品表面的原子分辨的形貌，而且可以在多种环境（真空、大气、水、电介质溶液等）下对样品进行观察，特别是它能使生物体在保持正常形态及功能的自然环境下工作。

DNA的形貌首次使用扫描隧道显微镜观察到。

3. PCR 技术实施过程主要包括以下几个步骤：①引物的设计：设计并人工合成一对与待扩增 DNA 序列两端碱基互补的寡核苷酸，大小通常为 15~25 个核苷酸。②DNA 模板的制备：模板可以是来自任何生物（动物、植物、细菌或病毒）的单链或双链 DNA，也可以是经化学方法合成的 DNA。RNA 则需要用反转录酶处理转换成 cDNA。③PCR 反应：在 PCR 仪上进行，反应条件可人为编辑。④PCR 产物的分离鉴定：常用琼脂糖（agarose）或丙烯酰胺（acrylamide）凝胶电泳分离。

（四川大学　陶大昌）

第三章 细胞的分子基础

【教学要求】

(一) 掌握

(1) 蛋白质的结构及其功能。
(2) DNA 和 RNA 的结构以及 RNA 的类型。

(二) 熟悉

mRNA、tRNA 和 rRNA 的功能。

(三) 了解

组成细胞的小分子物质。

【知识要点】

(一) 基本概念

(1) 生物大分子（biological macromolecule） 生物大分子是组成细胞结构的主要有机化合物中。蛋白质、酶和核酸由于分子质量巨大，结构复杂，功能多样，所以称为生物大分子。

(2) DNA 双螺旋结构模型 DNA 分子（B-DNA）由两条反向平行的多核苷酸链围绕同一中心轴，以右手螺旋的方式盘绕成双螺旋。磷酸和脱氧核糖位于双螺旋的外侧，形成 DNA 的骨架，碱基位于双螺旋的内侧。两条链上的碱基以碱基互补原则（A—T，G—C）通过氢键相连。由于每个 DNA 分子碱基数目很多，所以碱基对的排列方式是无穷无尽的，碱基对的排列顺序中蕴藏着无数的遗传信息。

(3) 核酸 核酸是生物特有的重要的大分子化合物，广泛存在于各类生物细胞中，主要功能是储存遗传信息和传递遗传信息。

(4) 磷酸二酯键 这是指一个核苷酸分子戊糖 3′位碳原子上的羟基与另一核苷酸戊糖 5′位碳原子上的磷酸中的氢结合脱去一分子水形成，又称 3′,5′-磷酸二酯键。

(5) peptide bond 即肽键，是由一个氨基酸分子中的羧基与另一个氨基酸分子中的氨基脱水缩合形成的酰胺键。

(二) 主要内容

细胞是构成生物有机体的基本结构单位和功能单位，可表现出各种复杂的生命现象，而生命是物质运动的特殊形式。组成生命的物质——原生质（protoplasm）的化学元素包括大量元素和微量元素两大类。组成原生质的各种元素在生物体内是以化合物的形式存在的，包括无机化合物和有机化合物。生命物质经过组装形成细胞，而细胞所表现出的各种复杂的生命现象，其物质基础都是各种小分子物质和大分子物质。

1. 蛋白质（protein）

（1）蛋白质的组成。氨基酸（amino acid）是组成蛋白质的基本单位。蛋白质是细胞组成的重要成分，细胞的生命活动几乎都是在蛋白质的参与下进行的。

（2）蛋白质的分子结构。蛋白质的分子结构是以氨基酸残基连接而成的线性多聚体——多肽链为基础进一步螺旋折叠而形成的。组成蛋白质的氨基酸之间通过1个氨基酸的羧基与另1个氨基酸的氨基脱去1分子水形成的肽键（peptide bond）相连，由这种肽键将氨基酸连接成的链状结构称为肽链（peptide chain）。

蛋白质分子的结构分为四级。一级结构是蛋白质分子的线性平面结构，也是蛋白质的基本结构；二、三、四级结构是蛋白质的空间结构。

（3）蛋白质的功能。蛋白质在细胞中主要从以下几方面体现其功能：①作为细胞的结构成分；②在细胞中起运输和传导作用；③在细胞中起收缩运动作用；④在细胞中起免疫保护作用。

2. 核酸（nucleic acid）

（1）核酸的组成和结构。组成核酸的基本结构单位是核苷酸（nucleotide）。每一个核苷酸又由磷酸、戊糖和碱基组成。戊糖有两类：核糖（ribose）和脱氧核糖（deoxyribose）。碱基也有两类：嘌呤（purine）和嘧啶（pyrimidine），嘌呤包括腺嘌呤（adenine，A）和鸟嘌呤（guanine，G）；嘧啶包括胞嘧啶（cytosine，C）、胸腺嘧啶（thymine、T）和尿嘧啶（uracil，U）。

核苷（nucleoside）由戊糖和碱基缩合而成，其连接键为糖苷键。核苷酸由核苷和磷酸缩合而成，其连接键为磷酸酯键。细胞内有一些游离的核苷酸，如三磷酸腺苷（ATP）和环—磷酸腺苷（cAMP），它们在细胞的代谢中有重要作用。核酸是由许多核苷酸通过3′，5′-磷酸二酯键连接而成的大分子物质。

（2）核酸的种类。核酸分为脱氧核糖核酸（deoxyribonucleic acid，DNA）和核糖核酸（ribonucleic acid，RNA）。两者在核苷酸的组成、种类、主要结构、分布及功能等方面都有区别。

（3）DNA的结构和功能。DNA是遗传物质，是遗传信息的载体，有三种构型：B-DNA、A-DNA和Z-DNA。DNA双螺旋结构是其功能的基础，无数的遗传信息蕴藏在DNA分子碱基对的无穷尽的排列组合之中。在遗传信息的传递过程中，DNA分子要进行自我复制，经细胞分裂将遗传物质传给子代细胞。在子细胞中，DNA分子中的遗传信息经过转录和翻译表达出相应的遗传性状。

（4）RNA的结构和功能。RNA传递遗传信息，主要有三种：mRNA、tRNA和rRNA，它们在蛋白质的生物合成中发挥重要作用。

此外，在动植物细胞中还有一些分子质量较小的非编码小RNA（non-coding

RNA），包括微小 RNA（microRNA，miRNA）、小干扰 RNA（small interfere RNA，siRNA）及重复相关的小干涉 RNA（piwi-interacting RNA，piRNA）。小 RNA 的表达具有组织、时间及空间的特异性，可在动物的发育、分化、细胞增殖、凋亡及脂肪代谢等过程中发挥重要的调节作用。

【练习题】

(一) A 型题

1. 细胞的小分子物质是指（　　）。
A. 蛋白质　　　B. 核酸　　　C. 酶
D. 多糖　　　　E. 氨基酸

2. 细胞小分子物质的相对分子质量一般小于（　　）。
A. 20　　　　B. 40　　　　C. 60
D. 80　　　　E. 50

3. 构成蛋白质的基本单位是（　　）。
A. 核苷酸　　　B. 脂肪酸　　　C. 氨基酸
D. 多糖　　　　E. 嘧啶

4. 蛋白质的一级结构是（　　）。
A. α 螺旋、β 折叠和胶原三股螺旋　　B. 亚基集结
C. 氨基酸的种类和排列顺序　　　　　D. 多肽链的螺旋、折叠
E. 多条独立结构的肽链

5. 蛋白质的二级结构是（　　）。
A. 氨基酸的种类和排列顺序　　　　　B. 亚基集结
C. α 螺旋、β 折叠和胶原三股螺旋　　D. 球形蛋白质
E. 多条独立结构的肽链

6. 蛋白质的哪一级结构决定空间结构？（　　）
A. 一级结构　　B. 二级结构　　C. 三级结构
D. 四级结构　　E. 以上都不是

7. 肽链形成的方式是（　　）。
A. 氨基酸分子与侧链基团之间的离子键
B. 侧链基团与侧链基团之间的疏水键
C. 氨基与羧基之间脱水缩合
D. 氨基与氨基之间的连接
E. 羧基与羧基之间的脱水缩合

8. 由含氮碱基、戊糖、磷酸 3 种分子构成的化合物是（　　）。
A. 氨基酸　　　B. 核苷酸　　　C. 脂肪酸
D. 葡萄糖　　　E. 核酸

9. 脱氧核糖与核糖的主要区别是（   ）。
A. C1 上脱掉一个氧原子
B. C2 上脱掉一个氧原子
C. C3 上脱掉一个氧原子
D. C4 上脱掉一个氧原子
E. C5 上脱掉一个氧原子

10. 在 DNA 分子中，已知其 A 的含量为 10%，那么 C 的含量应是（   ）。
A. 10%　　B. 20%　　C. 40%
D. 60%　　E. 80%

11. 三磷酸腺苷（ATP）中所含高能磷酸键的数目是（   ）。
A. 1 个　　B. 2 个　　C. 3 个
D. 4 个　　E. 5 个

12. 真核细胞中 RNA 的分布是（   ）。
A. 只在细胞质中
B. 主要在细胞质中，细胞核中也有
C. 主要在细胞核中，也在细胞质中
D. 只在细胞核中
E. 主要在细胞膜上

13. 真核细胞中 DNA 的分布是（   ）。
A. 只在细胞核中
B. 主要在细胞核中
C. 只在细胞质中
D. 主要在细胞质中，也在细胞核中
E. 主要在细胞膜上

14. DNA 合成中，多核苷酸链的延伸方向是（   ）。
A. $5'\to 3'$　　B. $3'\to 5'$　　C. $5'\to 3'$ 和 $3'\to 5'$
D. 无一定方向　　E. 主要是 $3'\to 5'$，部分是 $5'\to 3'$

15. DNA 双链中一条链上的碱基顺序是 $5'ACTGCT3'$，另一条链上的碱基顺序应是（   ）。
A. $3'TGACGA5'$　B. $5'TCGTCA3'$　C. $3'GTCATG5'$
D. $5'GGACGC3'$　E. $5'TGCTCA3'$

16. DNA 双链中，连接两条单链的化学键是（   ）。
A. 氢键　　B. 磷酸酯键　　C. 糖苷键
D. 离子键　　E. $3',5'$-磷酸二酯键

17. tRNA 柄部末端的三个碱基顺序是（   ）。
A. ACC　　B. CCA　　C. CCG
D. CAC　　E. CCU

18. 一个 tRNA 上的反密码子是 $5'UGC3'$，它能识别的密码子是（   ）。
A. $5'ACG'$　　B. $3'TAG5'$　　C. $5'ACG3'$
D. $3'ACG5'$　　E. $3'TCG5'$

19. DNA 和 RNA 彻底水解后的产物相比较（   ）。
A. 碱基相同，核糖不同
B. 碱基不同，核糖相同
C. 戊糖不同，部分碱基不同
D. 核糖相同，部分碱基不同

E. 碱基不同，核糖不同
20. 下列哪种核酸分子的空间结构呈三叶草形？（　　）
A. DNA　　　　B. mtDNA　　　C. tRNA
D. rRNA　　　　E. mRNA

（二）B 型题

1. A. 核苷酸　　B. 氨基酸　　　C. 酶　　　　D. 脱氧核糖
① 组成蛋白质的基本单位是（　　）。
② 具催化作用的是（　　）。
③ 组成核酸的基本单位是（　　）。
④ DNA 的组成成分之一是（　　）。
2. A. 蛋白质的一级结构　　　　B. 蛋白质的二级结构
   C. 蛋白质的三级结构　　　　D. 蛋白质的四级结构
① α 螺旋、β 折叠和胶原三股螺旋是（　　）。
② 亚基集结结构是（　　）。
③ 多肽链盘曲折叠形成的空间结构是（　　）。
④ 氨基酸的种类和排列顺序是（　　）。
3. A. 肽键　　　B. 氢键　　　C. 糖苷键
   D. 3′,5′-磷酸二酯键　　　E. 磷酸酯键
① 单核苷酸由核苷和磷酸缩合而成，其连接键为（　　）。
② 在蛋白质分子中氨基酸之间的主键是（　　）。
③ 核苷由戊糖和碱基缩合而成，其连接键为（　　）。
④ DNA 的碱基对之间的连接键为（　　）。
⑤ 在位置比较近的氨基酸残基之间的 α 螺旋的维系靠（　　）。
⑥ 多核苷酸中磷酸和戊糖之间的连接键为（　　）。
4. A. DNA　　B. mRNA　　C. tRNA　　D. rRNA　　E. RNA
① 合成蛋白质的模板是（　　）。
② 具有双螺旋结构的是（　　）。
③ 转运活化的氨基酸是（　　）。
④ 组成核糖体成分的是（　　）。
⑤ 含有尿嘧啶的核酸是（　　）。

（三）X 型题

1. 蛋白质是重要的生物大分子，因为它（　　）。
A. 能够转录　　　　　　　　B. 可作为催化生化反应的酶
C. 构成细胞的结构成分　　　D. 能够自我复制
E. 能够传递遗传信息

2. DNA 是重要的生物大分子,因为它（　　）。
   A. 能够自我复制　　　　　　B. 能够转录
   C. 能够翻译　　　　　　　　D. 是构成细胞的结构成分
   E. 可作为催化生化反应的酶
3. 蛋白质的二级结构是（　　）。
   A. α 螺旋　　　　B. β 折叠　　　　C. 亚基集结的结构
   D. 胶原三股螺旋　　　　　　E. 多肽链盘曲折叠形成的空间结构
4. DNA 和 RNA 分子的主要区别是（　　）。
   A. 戊糖结构不同　B. 一种嘌呤不同　C. 一种嘧啶不同
   D. 核糖的分子构型不同　　　E. 磷酸的结构不同
5. tRNA 分子二级结构呈三叶草形,包括（　　）。
   A. 氨基酸臂　　　B. 反密码环　　　C. 二氢尿嘧啶
   D. 额外环　　　　E. TΨCG 环
6. DNA 分子中包括哪几种小分子?（　　）
   A. 磷酸　　　　　B. 核糖　　　　　C. 脱氧核糖
   D. 碱基　　　　　E. 氨基酸

(四) 问答题

1. 蛋白质各级结构的特点如何?哪级结构能表现生物学活性?
2. DNA 和 RNA 在组成、结构分布及功能上有哪些主要区别?
3. RNA 主要分为几种?各自的主要结构和功能如何?

【参考答案】

(一) A 型题

1. E	2. E	3. C	4. C	5. C	6. A	7. C
8. B	9. B	10. C	11. B	12. B	13. B	14. A
15. A	16. A	17. A	18. D	19. C	20. C	

(二) B 型题

1. ①B　　②C　　③A　　④D
2. ①B　　②D　　③C　　④A
3. ①E　　②A　　③C　　④B　　⑤B　　⑥D
4. ①B　　②A　　③C　　④D　　⑤E

(三) X 型题

1. BC　　2. AB　　3. ABD　　4. AC　　5. ABCDE　　6. ACD

(四) 问答题

1. 蛋白质分子的一级结构是以肽键为主键、二硫键为副键的多肽链中氨基酸的排列顺序。蛋白质分子的二级结构是肽链上相邻氨基酸残基间主要靠氢键维系的有规律的重复有序的空间结构，有α螺旋、β折叠和胶原三股螺旋三种基本构象。蛋白质分子的三级结构是蛋白质分子在二维结构的基础上，进一步折叠、盘曲而成的接近球形的空间结构；维系三级结构的主要化学键有疏水键、酯键、氢键、离子键和二硫键等。蛋白质分子的每条多肽链都有其独立的三级结构，称为亚基，亚基间再以氢键、疏水键和离子键等相连，所以，蛋白质的四级结构是亚基集结的结构。蛋白质的三、四级结构能表现生物学活性。

2. DNA和RNA的主要区别：DNA组成成分是脱氧核糖和胸腺嘧啶，而RNA则是核糖和尿嘧啶；DNA为双链结构，RNA则为单链；DNA主要分布在细胞核内，而RNA主要分布在细胞质中；DNA的主要功能是储藏遗传信息，而RNA则是传递遗传信息。

3. RNA主要有三种，即mRNA、tRNA和rRNA。mRNA的结构是单链，其功能为蛋白质合成的模板。tRNA的结构是假双链，其二级结构呈三叶草形，在其柄部为氨基酸臂，在反密码环上有反密码子，可以识别mRNA上的密码子，其主要功能是在蛋白质合成中运输活化的氨基酸、识别mRNA上的密码子并与之结合。rRNA的结构为假双链，主要功能是组成核糖体，而核糖体是细胞内合成蛋白质的场所。

此外，细胞中还有一些非编码的小RNA，包括微小RNA（miRNA）、小干扰RNA（siRNA）及重复相关的小干涉RNA（piRNA）。它们可在动物的发育、分化、细胞增殖、凋亡及脂肪代谢等过程中发挥重要的调节作用。

(川北医学院 杨俊宝 梁素华)

第四章 细胞的起源与其基本结构

【教学要求】

(一) 掌握

细胞的基本共性。

(二) 熟悉

细胞结构的基本概念。

(三) 了解

原核细胞和真核细胞。

【知识要点】

(一) 基本概念

(1) 病毒 (virus) 病毒是非细胞状态的生命体,主要是由一个核酸分子 (DNA 或 RNA) 与蛋白质构成的复合结构,而类病毒仅由 1 条有感染性的 RNA 构成。虽然它们也能进行新陈代谢和自我复制,但不能独立地将外界环境的营养物质转变为自身所需物质。所有的病毒必须要在活细胞内才能表现出它们的基本生命活动。

(2) 支原体 (mycoplasma) 支原体是迄今发现的最小最简单的细胞,直径只有 $0.01\mu m$,约为细菌的 1/10,是真核细胞的 1/1000。它虽然很小,但能独立生活,已具备了细胞的基本结构,并且具有作为生命活动基本单位存在的主要特征。

(3) 单位膜 (unit membrane) 在电镜下看见细胞内的膜都是由 3 层结构组成的,即内外两层致密的深色带,其厚度各约 2nm,中间夹有一层疏松的浅色带,其厚度为 3.5nm,3 层结构的总厚度为 7.5nm。通常将这 3 层结构型式作为一个单位,称为单位膜。

(4) 原核细胞 (prokaryotic cell) 和原核生物 (prokaryote) 原核细胞一般体积较小,其质膜外有一层坚固的细胞壁 (cell wall),厚度为 10~25nm,与一般植物的细胞壁的组成不同。原核细胞内含有 DNA 区域,但无核膜包围,称拟核 (nucleoid),其 DNA 为裸露的。有的原核细胞还有一些小的环形 DNA,称质粒 (plasmid)。原核细胞内没有线粒体、内质网、高尔基复合体和溶酶体等膜相构成的细胞器,也没有微管、中心粒等非膜相结构,但有大量核糖体等。

由原核细胞构成的生物称为原核生物。

(5) 真核细胞（eukaryotic cell）和真核生物（eukaryote） 原核细胞发展到出现了核的结构后即为真核细胞。在其核物质外出现了双层核膜，后者将细胞分隔为核与质两部分，在质膜与核膜之间的细胞质中，形成了复杂的内膜系统，构建成各种相对稳定、有独立生理功能的细胞器。

由真核细胞构成的生物称为真核生物。

（二）主要内容

（1）细胞的起源。①由无机小分子演变为有机物小分子；②由有机小分子物质演变为生物大分子物质；③由生物大分子物质演变为原始细胞。

（2）细胞作为生命的基本结构与功能单位，必须具有其基本的共性：①都具有细胞膜；②都具有 DNA 和 RNA 两种核酸；③具有核糖体作为蛋白质合成的细胞器；④都是以一分为二的方式进行分裂繁殖。

（3）不同种类的细胞大小变化范围很大，形态各异，但与其功能都是相适应的。

（4）根据真核细胞其各部结构的性质、彼此间相互关系以及各种结构的来源等，可将其分为膜相结构和非膜相结构。

（5）原核细胞和真核细胞的比较。

【练习题】

（一）A 型题

1. 人的视力只能看到大于（　　）的物质。
A. 10nm　　　　B. 100nm　　　C. 0.1mm
D. 10μm　　　　E. 0.1μm

2. 最大的卵细胞是（　　）的。
A. 人　　　　　B. 虎　　　　　C. 鱼
D. 鸵鸟　　　　E. 蛇

3. 既是一个细胞，又是一个生物体的是（　　）。
A. 原生动物　　B. 腔肠动物　　C. 扁形动物
D. 线形动物　　E. 节肢动物

4. 人的一个细胞的寿命大致只有 120 天左右的细胞是（　　）。
A. 肌细胞　　　B. 神经细胞　　C. 上皮细胞
D. 红细胞　　　E. 白细胞

5. 电镜出现以后，将细胞结构分为（　　）。
A. 细胞膜　　　B. 细胞质　　　C. 细胞核
D. 膜相结构和非膜相结构　　　　E. 以上都不是

6. 膜相细胞器是（　　）。
A. 线粒体　　　B. 核糖体　　　C. 中心体

D. 微丝　　　　E. 微管

7. 下列哪项不是原核细胞？（　　）
A. 肺炎杆菌　　B. 大肠杆菌　　C. 支原体
D. 蓝藻　　　　E. 真菌

8. 一般原核细胞具有的间体与真核细胞的下列哪种细胞器功能相似？（　　）
A. 中心体　　B. 线粒体　　C. 高尔基复合体
D. 溶酶体　　E. 内质网

9. 关于真核细胞，下列哪项叙述有误？（　　）
A. 一般体积较大（10～100μm）　　B. 有核膜包围染色质
C. 膜相结构细胞器发达　　　　　　D. 基因的转录和翻译过程同时进行
E. DNA与组蛋白构成染色体

10. 关于病毒，以下哪项叙述有误？（　　）
A. 遗传物质均为DNA　　　　B. 是一类非细胞形态的生命体
C. 需要寄生在细胞中才能生存和繁殖
D. 是最小最简单的生命体
E. 主要由蛋白质外壳包围核酸分子构成

11. 在普通光学显微镜下可以观察到的细胞结构是（　　）。
A. 核仁　B. 核孔　C. 溶酶体　D. 核糖体　E. 微丝

（二）B型题

1. A. 间体　　B. 质粒　　C. 核糖体　　D. 古细菌
① 细菌除了一条裸露的DNA外，还常有一些小的环形DNA分子是（　　）。
② 常存在于超嗜热、高酸碱度、高盐或厌氧条件下的一类细菌是（　　）。
③ 原核细胞和真核细胞中都具有的细胞器是（　　）。
④ 存在于原核细胞中与真核细胞中能量代谢有关的结构是（　　）。

2. A. 单位膜　　B. 变形虫　　C. 真核细胞　　D. 支原体
① 迄今发现的最小、最简单的细胞是（　　）。
② 既是一个细胞，又是一个独立有机体的是（　　）。
③ 细胞内的核物质外出现了双层核膜的细胞是（　　）。
④ 细胞内各种膜相结构的膜都具有相似的基本结构型式，将其称为（　　）。

（三）X型题

1. 作为生命结构的基本活动单位和功能单位都必须具有的基本共性是（　　）。
A. DNA　　　　B. 细胞膜　　　C. RNA
D. 核糖体　　　E. 细胞骨架

2. 与动物细胞相比，细菌所特有的结构有（　　）。
A. 细胞壁　　B. 间体　　C. 核糖体

D. 拟核　　　　　E. 以上都具有

3. 以下哪些属于真核细胞？（　　）

A. 肺炎球菌　　B. 支原体　　　C. 巨噬细胞

D. 红细胞　　　E. 浆细胞

4. 非膜相结构的细胞器有（　　）。

A. 中心体　　　B. 核仁　　　　C. 微体

D. 染色体　　　E. 细胞骨架

5. 光镜下的细胞结构分为（　　）。

A. 细胞膜　　　B. 细胞质　　　C. 细胞核

D. 细胞内膜系统　E. 细胞骨架

6. 各种不同细胞其形态也各异，有（　　）。

A. 圆形　　　　B. 梭形　　　　C. 扁平行

D. 纺锤形　　　E. 星芒形

7. 电镜所能观察到的范围是（　　）。

A. 0.1nm　　　B. 1nm　　　　C. 10nm

D. 1mm　　　　E. 10μm

（四）问答题

试比较原核细胞和真核细胞。

【参考答案】

（一）A 型题

1. C　　2. D　　3. A　　4. D　　5. D　　6. A

7. E　　8. B　　9. D　　10. A　　11. A

（二）B 型题

1. ① B　　② D　　③ C　　④ A

2. ① D　　② B　　③ C　　④ A

（三）X 型题

1. ABCD　　2. ABD　　3. CDE　　4. ABDE　　5. ABC

6. ABCDE　　7. ABCE

（四）问答题

　　原核细胞的特点是：细胞较小，仅为 1～10μm；无核膜、核仁；染色体单个，DNA 裸露于细胞质中；细胞壁不含纤维素；除核糖体外，无其他细胞器；核糖体为

70S（50S+30S）；简单的原纤维及鞭毛运动；无细胞骨架；转录与翻译同时同地进行。

真核细胞的特点是：细胞较大，为 $10\sim100\mu m$；有核膜及核仁；染色体若干个，DNA 与组蛋白结合；细胞壁由纤维素组成；有细胞器；核糖体为 80S（60S+40S）；纤毛及鞭毛运动；有细胞骨架；转录在核内，翻译在细胞质。

（四川大学 李 虹）

第二篇　细胞膜及其表面

第五章　细胞膜的分子结构和特性

【教学要求】

(一) 掌握

(1) 细胞膜的化学组成。

(2) 细胞膜的单位膜模型、液态镶嵌模型、脂筏模型。

(3) 细胞膜的特性。

【知识要点】

(一) 基本概念

(1) 单位膜（unit membrane）。单位膜是指电镜下由内外两层致密的深色带和中间一层疏松的浅色带组成的三层结构形式。

(2) 细胞表面（cell surface）。细胞表面由细胞膜、细胞外被和胞质溶胶三部分组成。

(3) 液态镶嵌（fluid mosaic model）。这是 1972 年 S. J. Singer 和 G. Nicolson 总结了当时有关膜结构的模型及各种新技术研究成果而提出的。该模型把生物膜看成是球形蛋白质和脂类的二维排列的液态体，不是静止的，即流动的脂质双分子层构成膜的连续主体，各种球状蛋白质分子镶嵌在脂类双分子层中。

(4) 脂筏模型。脂筏是指膜脂双层内含有特殊脂质的微区，并载有特殊的蛋白质，微区内陷可形成囊泡；脂筏与细胞骨架蛋白交联。这一模型可解释生物膜的某些性质和功能。

(二) 主要内容

(1) 细胞膜的化学组成及特点：膜脂、膜蛋白、膜糖类。

膜脂以磷脂、胆固醇和糖脂三种形式存在。磷脂构成膜脂的基本成分，占整个膜脂的 50% 以上。主要的磷脂是甘油磷脂和鞘磷脂。组成生物膜的磷脂分子的主要特征是：①具有一个极性头和两个非极性的尾（脂肪酸链）。②在磷脂分子中，脂肪酸链的长短和不饱和度不同。③除饱和脂肪酸外，还常常有不饱和脂肪酸。胆固醇是细胞膜中另一类重要的脂类，存在于动物细胞和少数植物细胞质膜上，其含量一般不超过膜脂的 1/3。它是中性脂类，对膜脂的流动性的调节以及降低水溶性物质的通透性等具有重要的作用。

膜蛋白分为膜内在蛋白质和膜外在蛋白质。膜整合蛋白质占膜蛋白总量的 70%～80%。膜内在蛋白部分嵌在膜中，通过非极性氨基酸部分，直接与膜脂双层的疏水区相互作用而嵌入膜内。许多膜内在蛋白质也是兼性分子，它们的多肽链可横穿膜一次或多次，以疏水区跨越脂双层的疏水区，与脂肪酸链共价结合，而亲水的极性部分位于膜的内外表面。膜外在蛋白质不直接与脂双层疏水部分相连接，常常通过静电作用、离子键、氢键与膜脂的极性头部或通过与膜内在蛋白质亲水部分相互作用间接与膜结合。膜周边蛋白质主要分布在膜的内表面，为水溶性蛋白质。膜蛋白不仅有机械支持作用，而且在物质运输、受体、抗原和酶等方面起着重要作用。

细胞膜中含有一定量的糖类，糖类在真核细胞中占细胞膜重量的 2%～10%。它们大多是与蛋白质或脂类分子相结合的低聚糖，主要分布在细胞膜的外表面。

（2）细胞膜的分子结构模型包括：片层结构模型、单位膜模型、液态镶嵌模型和脂筏模型。

片层结构模型认为，细胞膜中有两层磷脂分子，分子的疏水脂肪酸链在膜的内部彼此相对，而每一层磷脂分子的亲水端则朝向膜的内外表面，球形蛋白质分子附着在脂类双分子层的两侧表面，形成了"蛋白质-磷脂-蛋白质"的三夹板式结构。

单位膜模型提出膜都呈现三层式结构，内外为电子密度高的暗线，中间为电子密度低的明线，把这种"两暗一明"的结构称为单位膜。

液态镶嵌模型：该模型主要把生物膜看成是球形蛋白质和脂类的二维排列的液态体，即流动的脂质双分子层构成膜的连续主体，各种球状蛋白质分子镶嵌在脂类双分子层中。蛋白质分子的非极性部分嵌入脂类双分子层的疏水区；极性部分则外露于膜的表面，像一群岛屿一样，无规则地分散在脂类的海洋中。这个模型主要强调了膜的流动性和脂类分子与蛋白质分子的镶嵌关系。

脂筏模型认为脂筏是指膜脂双层内含有特殊脂质的微区，并载有特殊的蛋白质，微区内陷可形成囊泡；脂筏与细胞骨架蛋白交联。这一模型可解释生物膜的某些性质和功能。

（3）细胞膜的两个特性：膜的不对称性和膜的流动性。

【练习题】

(一) A 型题

1. 细胞膜的主要化学成分是（　　）。
   A. 蛋白质、糖类和水　　　　　　　B. 蛋白质、糖类和金属离子

C. 蛋白质、糖类和脂肪　　　　　D. 蛋白质、糖类和脂类

E. 金属离子、糖类和脂肪

2. 生物膜的流动性主要取决于（　　）。

A. 膜蛋白　　B. 膜糖类　　C. 膜脂

D. 膜糖脂　　E. 金属离子

3. 生物膜结构和功能的特殊性主要取决于（　　）。

A. 膜脂的种类　　　　　　　　B. 膜蛋白的组成和种类

C. 膜糖类的组成和种类　　　　D. 膜中糖类和蛋白质的关系

E. 膜中的磷脂组成和种类

4. 细胞识别的主要部位是（　　）。

A. 细胞膜的特化结构　　　　　B. 细胞质

C. 细胞外被　　　　　　　　　D. 细胞核

E. 细胞外基质

5. 当前得到广泛接受和支持的细胞膜分子结构模型是（　　）。

A. 单位膜模型　　　　　　　　B. "三夹板"模型

C. 液态镶嵌模型　　　　　　　D. 晶格镶嵌模型

E. 板块模型

6. 膜脂不具有的分子运动是（　　）。

A. 侧向运动　　　　　　　　　B. 翻转运动

C. 跳跃运动　　　　　　　　　D. 旋转运动

E. 扩散运动

7. 膜受体具有的功能是（　　）。

A. 转运分子进出细胞　　　　　B. 接受环境信号并传递到胞内

C. 支持细胞骨架及细胞间质成分　D. 使膜发生相变

E. 以上都不是

8. 膜脂双分子层结构的脂类是（　　）。

A. 兼性分子　　B. 疏水分子　　C. 亲水性分子

D. 非极性分子　E. 极性分子

9. 细胞膜特定功能主要成分是（　　）。

A. 膜脂双层　　B. 膜蛋白　　C. 细胞外被

D. 糖脂　　　　E. 胆固醇

10. 细胞膜中执行特定功能的主要成份是（　　）。

A. 磷脂　　　　B. 胆固醇　　C. 蛋白质

D. 糖类　　　　E. 甘油

11. 在细菌中磷脂的合成与（　　）有关。

A. 内质网膜　　B. 溶酶体膜　　C. 线粒体膜

D. 质膜　　　　E. 高尔基复合体膜

12. （　　）降低细胞膜的流动性。
A. 卵磷脂/鞘磷脂   B. 膜蛋白   C. 不饱和脂肪酸
D. 温度升高   E. 以上都不是
13. 细胞质膜的膜周边蛋白主要靠（　　）与膜蛋白质或脂分子结合。
A. 糖苷键   B. 共价键   C. 离子键
D. 范德华力   E. 疏水键
14. 细胞质膜上一般不含有的成分是（　　）。
A. 胆固醇   B. 甘油磷脂   C. 三羧酸甘油
D. 神经节苷脂   E. 磷脂酰丝氨酸
15. 红细胞膜 ABO 血型抗原的成分是（　　）。
A. 磷脂   B. 糖蛋白   C. 鞘糖脂
D. 镶嵌蛋白   E. 膜内在蛋白
16. 膜蛋白高度糖基化的生物膜是（　　）。
A. 内质网膜   B. 质膜   C. 高尔基复合体膜
D. 溶酶体膜   E. 过氧化物酶体膜
17. （　　）不属于细胞的生物膜系统。
A. 高尔基复合体   B. 溶酶体   C. 脂质体
D. 质膜   E. 线粒体

(二) B 型题

1. A. 水   B. 磷脂   C. 胆固醇   D. 蛋白质   E. 糖类
① 构成膜受体的主要化学成分是（　　）。
② 组成细胞外被的主要化学成分是（　　）。
③ 细胞膜中含量最多的化学成分是（　　）。
④ 构成细胞膜基本骨架的化学成分是（　　）。
⑤ 对细胞膜中脂质的流动性具有调节作用的化学成分是（　　）。

2. A. 细胞膜   B. 冰冻蚀刻技术   C. 蛋白质分子
　 D. 糖类   E. 非共价键
① 用（　　）可在电镜下观察膜蛋白的不对称性。
②（　　）分子镶嵌在膜骨架分子之间。
③（　　）分子多分布于膜骨架的表面。
④ 生物膜上的蛋白质分子、磷脂分子以（　　）连接。
⑤ 在原始生命物质进化过程中（　　）的形成是关键的一步，没有它，细胞形式的生命就不可能存在。

3. A. 脑苷脂类   B. 细菌质膜   C. 极性头和非极性尾
　 D. 孔蛋白   E. 人鼠细胞融合实验
① 糖脂是细胞膜的重要成分，其中（　　）是最简单的糖脂。

② 组成细胞膜的脂质都具有（　　）。

③ 绝大多数跨膜蛋白在脂质双分子层中的肽链部分都是形成 α 螺旋，而大肠杆菌质膜上的（　　）则是形成 β 折叠。

④ （　　）中不含有胆固醇成分，但某些细菌的膜脂中含有甘油酯等中性脂。

⑤ 可以用（　　）证明细胞膜的流动性。

(三) X 型题

1. 可增加膜脂流动性的因素是（　　）。
   A. 增加脂类分子烃链的长度　　　B. 增加脂质烃链的不饱和程度
   C. 去除过多胆固醇　　　　　　　D. 增加蛋白质的含量
   E. 在一定范围内增加环境温度

2. 膜脂分子运动的形式是（　　）。
   A. 跳跃运动　　B. 侧向运动　　C. 翻转运动
   D. 旋转运动　　E. 弯曲运动

3. 属于细胞膜的主要成分是（　　）。
   A. 糖类　　　　B. 脂类　　　　C. 核酸
   D. 蛋白质　　　E. 微量元素

4. 目前得到广泛接受和支持的细胞膜分子结构模型是（　　）。
   A. 单位膜模型　　B. 片层模型　　C. 液态镶嵌模型
   D. 脂筏模型　　　E. 板块镶嵌模型

(四) 问答题

1. 细胞膜主要由哪些化学成分组成？它们在膜结构中主要有什么作用？
2. 试述生物膜的基本特性及其影响因素。
3. 为什么说红细胞是研究膜结构的最好材料？
4. 膜不对称的意义是什么？
5. 膜流动性的生理意义是什么？
6. 如何理解生物膜作为界膜对细胞生命活动所起的作用？

【参考答案】

(一) A 型题

1. D　　2. C　　3. B　　4. C　　5. C　　6. C　　7. B　　8. A　　9. B
10. A　　11. D　　12. C　　13. C　　14. C　　15. C　　16. D　　17. C

(二) B 型题

1. ①D　　②E　　③A　　④B　　⑤C

2. ① B　　② C　　③ D　　④ E　　⑤ A
3. ① A　　② C　　③ D　　④ B　　⑤ E

(三) X 型题

1. BCE　　2. BCDE　　3. ABD　　4. ABCD

(四) 问答题

1. 组成细胞膜的化学成分主要是脂类、蛋白和糖类。脂类以兼性分子磷脂和胆固醇为主，磷脂构成细胞膜主体结构的脂质双分子层，其亲水的头部朝向细胞内外，与水相接触，而疏水的尾部则两两相对位于膜里面。胆固醇对维持细胞膜的流动性具有重要作用。蛋白质分子以不同的方式镶嵌在脂双层分子中（镶嵌蛋白）或结合在其表面（膜外周蛋白），它们在膜中的含量、类型、分布的不对称性及其与脂分子的协同作用赋予生物膜具有各自的特性与功能。糖类常以低聚糖或多聚糖的形式共价结合于膜蛋白或膜脂分子上，形成糖蛋白和糖脂即为细胞被或糖萼，与细胞保护、细胞识别和细胞免疫等重要反应有密切的关系。

2. 不对称性和流动性是生物膜的两个最基本的特性。生物膜的不对称性是由于膜脂分布的不对称、膜蛋白分布的不对称和膜糖类分布的不对称决定的。膜的流动性是由膜脂质分子的 5 种运动方式和膜蛋白分子的 2 种扩散方式决定的。有多种因素如磷脂分子脂肪酸链的长度与饱和程度、胆固醇的含量以及卵磷脂与鞘磷脂的比例等均可影响膜的流动性。

3. 由于红细胞数量巨大，取材容易，极少有其他类型细胞的污染，而成熟的哺乳动物的红细胞中没有细胞核、内膜系统和线粒体等膜相细胞器，细胞膜是它的唯一膜结构，分离后不存在其他膜污染的问题，所以红细胞是研究膜的好材料。

4. 膜成分中膜蛋白、膜脂和膜糖分布的不对称导致了膜内外两侧的不对称和方向性，保证了生命活动的高度有序性。细胞间的识别、细胞的运动、膜内外物质的运输、信号传递等都具有方向性，这些方向性的维持就依赖于膜上不对称分布的膜蛋白、膜脂和膜糖。

5. 膜适宜的流动性是生物膜正常功能的必要条件：①流动性与酶活性有极大的关系，流动性大，活性高；②流动性与物质转运有关，如果没有膜的流动性，细胞内外物质无法进行转运，细胞的新陈代谢就会停止，细胞就会死亡；③膜流动性与信息传递、能量转换有着极大关系；④膜流动性与发育和细胞衰老有很大关系。

6. 生物膜包括细胞膜和内膜结构的膜。作为细胞的界膜细胞膜对于细胞生命的进化具有重要意义，不仅使生命进化到细胞的生命形式，也保证了细胞生命活动的正常进行；内膜结构的膜使遗传物质和其他参与生命活动的生物大分子相对集中在一个安全的微环境中，有利于细胞的物质代谢和能量代谢；细胞内空间的区域化不仅扩大了表面积，还使细胞生命活动更加高效和有序。

(四川大学　杨春蕾)

第六章 细胞表面及其特化

【教学要求】

(一) 掌握

(1) 掌握细胞连接的类型、结构及功能意义。

(2) 掌握细胞表面特化结构的类型以及意义。

(二) 了解

了解细胞外被与细胞外基质的构成成分、结构和功能。

【知识要点】

(一) 基本概念

(1) 微绒毛（microvillus） 微绒毛广泛存在于动物细胞的游离表面。电镜下可见它是细胞表面伸出的细长指状突起，垂直于细胞表面。

(2) 纤毛（cilia） 纤毛是细胞表面向外伸出的细长突起，表面围以细胞膜，内部由微管构成复杂的结构，短而多。

(3) 鞭毛（flagellum） 鞭毛是细胞表面向外伸出的细长突起，表面围以细胞膜，内部由微管构成复杂的结构，长而少。

(4) 封闭连接（occluding junction） 封闭连接是指相邻细胞膜紧密相贴，无间隙。

(5) 黏合连接（adhering junction） 黏合连接是机械地将细胞黏着在一起，增加细胞组织的机械性能。

(6) 通信连接（communicating junction） 通信连接的相邻细胞之间可以允许小分子物质通过，作为信号分子传递。

(二) 主要内容

(1) 细胞外被伸展与质膜的外表面，它不是细胞膜外面的独立结构，而是质膜中的糖蛋白和糖脂向外表面延伸的寡糖链部分。实际上细胞外被就是质膜结构的一部分。

(2) 胞质溶胶。在质膜下的一层厚 $0.01\sim0.02\mu m$ 的较黏稠无结构的液体物质。

(3) 细胞表面的特化结构。微绒毛、内褶、纤毛、鞭毛、变形足等。

(4) 细胞间的连接。细胞连接的类型（紧密连接、锚定连接及通信连接）、结构及功能意义。

紧密连接：通常存在于上皮细胞之间。连接区域具有蛋白质的嵴线，有特殊的跨膜蛋白组成；相邻细胞之间的嵴线由特殊的跨膜蛋白组成；相邻细胞之间的质膜紧密结合，没有缝线，形成渗漏屏障，具有重要的封闭作用；具隔离作用，使游离端与基质质膜上的膜蛋白行使的膜功能；起支持作用。

锚定连接两种形式：桥粒和半桥粒，与中间纤维锚定连接；黏着带与黏着斑，与肌动蛋白纤维锚定连接。

通信连接：包括间隙连接、胞间连丝和化学突触。

间隙连接的基本组成单位为连接子，是代谢偶联的基础，在神经冲动信息传递中起作用，另外胚胎发育中细胞间的偶联提供信号物质的通路，从而为某一特定细胞提供它的"位置信息"，并根据其位置影响其分化。

胞间连丝：主要存在于高等植物细胞中。胞间连丝由相互连接的相邻细胞的细胞膜共同组成直径为20~40nm的管状结构，中央有内质网形成的连丝微管，主要进行物质选择性运输和细胞通信的功能。

化学突触：存在于可兴奋细胞间的一种连接方式，起作用时通过释放神经递质来传导兴奋。

(5) 细胞外被与细胞外基质。

细胞外被：又称糖萼，是指细胞质膜外表面覆盖的一层黏多糖物质，实质是存在于细胞表面，与质膜中蛋白质或脂质共价结合的寡糖链；对细胞起保护作用，并参与细胞识别。

细胞外基质：分布于细胞外空间，是由细胞分泌的蛋白质和多糖所构成的网络结构，主要包括胶原、糖胺聚糖、蛋白聚糖、层粘连蛋白、纤连蛋白、弹性蛋白等。其功能有：构成支持细胞的框架，赋予组织抗张和抗压的弹性能力；对细胞形态、生长、分裂、分化和凋亡起重要的调控作用；另外还具有信号转导功能。

【练习题】

(一) A 型题

1. 能够封闭上皮细胞间的连接方式称为（   ）。
   A. 间隙连接   B. 黏着连接   C. 桥粒连接
   D. 紧密连接   E. 通信连接

2. 上皮细胞与基底层之间形成的仅细胞基底面膜内侧具有胞质斑连接装置为（   ）。
   A. 间隙连接   B. 紧密连接   C. 黏着连接
   D. 半桥粒连接   E. 桥粒连接

3. 以连接子为基本结构单位形成的细胞间连接装置称为（   ）。
   A. 桥粒连接   B. 间隙连接   C. 黏着连接

D. 紧密连接　　E. 半桥粒连接

4. 细胞识别的主要部位是（　　）。

   A. 细胞膜的特化结构　　　　B. 细胞质
   C. 细胞外被　　　　　　　　D. 细胞核
   E. 细胞外基质

5. 属于细胞间通信连接方式的是（　　）。

   A. 紧密连接　　B. 桥粒连接　　C. 半桥粒连接
   D. 黏着连接　　E. 间隙连接

6. 通过细胞骨架系统将细胞与相邻细胞或细胞与胞外基质连接起来的方式是（　　）。

   A. 紧密连接　　B. 锚定连接　　C. 通信连接
   D. 间隙连接　　E. 以上都不是

7. 高等植物的胞间连丝属于下列哪一种细胞连接？（　　）

   A. 紧密连接　　B. 锚定连接　　C. 桥粒
   D. 通信连接　　E. 以上都不是

8. 细胞外基质中含量最高，刚性及抗张力强度最大的成分是（　　）。

   A. 胶原　　　　B. 糖胺聚糖　　C. 蛋白聚糖
   D. 纤连蛋白　　E. 层粘连蛋白

9. 心肌细胞必须同步收缩形成有效的心跳，传递到每个细胞的收缩电信号也需要同时到达，（　　）具有此种作用。

   A. 间隙连接　　B. 紧密连接　　C. 桥粒
   D. 黏着带　　　E. 半桥粒

10. 构成间隙连接的连接子的连接蛋白分子跨膜（　　）。

    A. 1次　　　　B. 2次　　　　C. 4次
    D. 6次　　　　E. 8次

11. 细胞内中间纤维通过（　　）连接方式可将整个组织的细胞连成一片。

    A. 黏合带　　B. 黏合斑　　C. 桥粒
    D. 半桥粒　　E. 紧密

12. 细胞伪足的运动是通过（　　）的动态变化产生的。

    A. 微管　　　　B. 微丝　　　C. 中间纤维
    D. 胶原蛋白纤维　E. 纤连蛋白

13. 下列（　　）不是细胞分泌化学信号进行通信的方式。

    A. 内分泌　　　B. 旁分泌　　C. 间隙连接
    D. 化学突触　　E. A和B

（二）B型题

1. A. 细胞连接　　B. 黏合带　　C. 黏合斑

D. 层粘连蛋白　　　　　　E. 中间纤维
① 在单细胞向多细胞的有机体进化的过程中，最主要的特点是出现了（　　）。
②（　　）是细胞之间的连接。
③（　　）是细胞与胞外基质之间的连接。
④ 半桥粒处细胞基底质膜中整联蛋白将致密斑与（　　）相连。
⑤ 锚定连接中，桥粒与半桥粒与细胞骨架系统中的（　　）相连接。
2. A. 肌动蛋白　B. 胞间连丝　C. 胶原
　　D. 离子通道扩散　　　　　E. 吞噬作用
① 黏着带和黏着斑与（　　）相连接。
② 除少数特化细胞以外，大多数高等植物细胞间都是以（　　）而相互连接的。
③ 由（　　）装配成的纤维具有较强的抗张能力。

（三）X 型题

1. 细胞表面主要是哪些结构？（　　）
　A. 细胞表面的特化结构　　　B. 细胞外被
　C. 细胞膜　　　　　　　　　D. 胞质溶胶
　E. 细胞外基质
2. 细胞的连接方式有（　　）。
　A. 紧密连接　　　　　　　　B. 间隙连接
　C. 桥粒连接　　　　　　　　D. 细胞黏合
　E. 突触连接
3. 有关桥粒和半桥粒，下列说法正确的是（　　）。
　A. 桥粒在两个细胞之间形成纽扣似的结构将相邻细胞连接在一起，形成贯穿于整个组织的整体网络
　B. 桥粒中，中间纤维直接与盘状致密斑相连，相邻两细胞的致密斑由跨膜糖蛋白相互连接
　C. 半桥粒在形态上与桥粒类似，功能与化学组成也相同
　D. 在半桥粒中，中间纤维不是穿过而是终止于半桥粒的致密斑内
　E. 在半桥粒中，中间纤维穿过半桥粒的致密斑
4. 细胞间通信连接的形式有（　　）。
　A. 桥粒　　　B. 胞间连丝　　C. 间隙连接　　D. 化学突触　　E. 黏合带

（四）问答题

1. 细胞与细胞之间的连接有哪些方式？
2. 细胞表面形成的特化结构有哪些？有哪些功能？

【参考答案】

（一）A型题

1. D 2. D 3. B 4. C 5. E 6. B 7. D 8. A
9. A 10. D 11. B 12. B 13. C

（二）B型题

1. ① A ② B ③ C ④ D ⑤ E
2. ① A ② B ③ C

（三）X型题

1. AB 2. ABCE 3. ABD 4. BCD

（四）问答题

1. 封闭连接：紧密连接是封闭连接的主要形式，一般存在于上皮细胞之间，在小肠上皮细胞之间的闭锁区域便是紧密连接存在的部位。黏合连接：通过细胞骨架系统将细胞与相邻细胞或细胞与基质之间连接起来。桥粒和半桥粒——通过中间纤维连接；黏合带和黏合斑是通过肌动蛋白纤维相关的黏合连接。通信连接：主要包括间隙连接、神经细胞间的化学突触、植物细胞的胞间连丝。

2. 细胞表面的特化结构包括膜骨架、鞭毛、纤毛、微绒毛及细胞的变形足等，它们都是细胞膜与膜内细胞骨架纤维形成的复合结构，分别与细胞形态的维持、细胞的运动、细胞与周围环境的物质交换等功能有关。

（四川大学　杨春蕾；第二军医大学　朱海英）

第七章　细胞膜与物质转运

【教学要求】

(一) 掌握

(1) 质膜的通透性特点。

(2) 物质跨膜运输的形式及其原理。被动运输中区别分子穿膜与离子穿膜。主动运输的特点及其方式。

(3) 膜泡运输的形式及机制。胞吞作用：吞噬作用、胞饮作用、受体介导的胞吞作用。胞吐作用：组成性胞吐作用和调节性胞吐作用。

(二) 熟悉

离子通道的类型。

(三) 了解

衣被的结构单位——三脚蛋白复合体。

【知识要点】

(一) 基本概念

(1) 被动运输 (passive transport)　被动运输是指小分子物质从高浓度到低浓度运输，不需要消耗代谢能量。

(2) 主动运输 (active transport)　主动运输是指小分子物质从低浓度到高浓度运输，需要消耗代谢能量。

(3) 易化扩散 (facilitated diffusion)　易化扩散是指非脂溶性的物质从高浓度到低浓度运输，不需要消耗代谢能量，但需要有膜上的载体蛋白帮助。

(4) 协同运输 (coupled transport)　载体蛋白在转运一种溶质分子时，同时或随后转运另一种溶质分子。

(5) 胞吞作用 (endocytosis)　胞吞作用是指细胞表面发生内陷，由细胞膜把环境中的大分子和颗粒物质包围成小泡，脱离细胞膜进入细胞内的过程。

(6) 吞噬作用 (phagocytosis)　吞噬作用是指细胞膜胞吞入较大的固体颗粒或分子复合物的过程。

(7) 胞饮作用 (pinocytosis)　胞饮作用是指细胞吞入大分子溶液物质或极小颗粒物的过程。

(8) 受体介导的胞吞作用（receptor mediated endocytosis） 这是特异性很强的胞吞作用。大分子先与细胞膜上的特异受体相识别并结合，然后通过膜囊泡系统完成物质的传送过程。

(9) 胞吐作用（exocytosis） 胞吐作用是指细胞内的物质由膜包围成小泡从细胞内逐步移行到质膜下方并与其融合，把物质排出细胞外。

（二）主要内容

1. 穿膜运输

被动运输：简单扩散、离子通道扩散、易化扩散。特点是：①顺浓度梯度运输；②不需要细胞代谢供能；没有膜载体的帮助。

主动运输：离子泵、离子梯度驱动的主动运输。特点是：①逆浓度梯度进行；②需要细胞代谢供能；③都有载体的帮助。

2. 膜泡运输

胞吞作用：通过细胞膜的内陷形成囊泡，将外界物质转运进细胞的过程。其分为吞噬作用、胞饮作用、受体介导的胞吞作用。

3. 胞吐作用

胞吐作用指细胞内的分泌泡或其他某些膜泡中的物质通过质膜转运出细胞的过程。其分为组成型胞吐作用和调节型胞吐作用。

【练习题】

（一）A 型题

1. 质膜是半通透性的，一般说分子通过细胞膜的能力主要取决于该物质的（　　）。
   A. 脂溶性　　　B. 水溶性　　　C. 带电性
   D. 扩散性　　　E. 调节性

2. 以下（　　）运输方式不消耗代谢能量。
   A. 电位门通道　B. 内吞　　　　C. 外排
   D. 协同运输　　E. Ca^{2+} 泵

3. 以下（　　）可作为细胞主动运输的直接能量来源。
   A. 离子梯度　　B. NADH　　　C. ATP
   D. 光　　　　　E. CAMP

4. 以下（　　）难以透过无蛋白的人工膜。
   A. 离子　　　　B. 丙酮　　　　C. 乙醇
   D. 二氧化碳　　E. 甘油

5. 低密度脂蛋白颗粒进入细胞的过程是（　　）。
   A. 吞噬作用　　B. 胞饮作用　　C. 受体介导的胞吞作用

D. 主动运输　　　　　　　　E. 膜泡运输

6. 小肠上皮细胞吸收氨基酸的过程为（　　）。
   A. 通道扩散　　B. 帮助扩散　　C. 主动运输
   D. 伴随运输　　E. 膜泡运输

7. 小肠上皮细胞吸收葡萄糖以及各种氨基酸，主要通过（　　）达到逆浓度梯度运输。
   A. 与 Na^+ 相伴运输　　　　　B. 与 K^+ 相伴运输
   C. 与 Ca^{2+} 相伴运输　　　　D. 与 H^+ 相伴运输
   E. 载体蛋白直接利用 ATP 能量

8. 若对实验动物使用乌本苷，不太可能出现（　　）的结果。
   A. 细胞内 Na^+ 浓度增高　　　B. 细胞内 K^+ 浓度增高
   C. 细胞因体积膨胀而趋于裂解　　D. 协同运输的效能降低
   E. 细胞内 Ca^+ 浓度增高

9. 维持细胞内低钠高钾的蛋白质分子是（　　）。
   A. Na^+-K^+ 泵　　　　　　B. Na^+ 通道蛋白
   C. K^+ 通道蛋白　　　　　　D. Na^+-K^+ 通道蛋白
   E. 离子通道蛋白

10. 不是通过简单扩散进出细胞膜的物质是（　　）。
    A. O_2　　　B. N_2　　　C. C_2H_5OH
    D. Na^+，K^+　　E. CO_2

11. Ca^{2+} 逆浓度梯度通过细胞膜的运输方式是（　　）。
    A. 易化扩散　　B. 被动转运　　C. 主动转运
    D. 膜泡运输　　E. 简单扩散

12. 以简单扩散的运输方式通过细胞膜的是（　　）。
    A. 尿素　　B. 葡萄糖　　C. 氨基酸
    D. 核苷酸　　E. 蔗糖

13. 人工脂膜对不同分子的相对通透性由大到小的排列是（　　）。
    A. H_2O、葡萄糖、甘油、Na^+　　B. H_2O、Na^+、甘油、葡萄糖
    C. H_2O、尿素、葡萄糖、K^+　　D. H_2O、甘油、K^+、葡萄糖
    E. K^+、葡萄糖、甘油、Na^+

14. 受体介导的胞吞作用不具有的特点是（　　）。
    A. 形成有被小窝和有被小泡　　B. 吸入大量的细胞外液
    C. 是吸取特定大分子的有效途径　　D. 笼蛋白参与
    E. 受体识别胞吞物

15. 通过结构性分泌途径排除细胞的物质是（　　）。
    A. 分泌蛋白　　B. 分泌激素　　C. 消化酶
    D. 神经递质　　E. 多糖

16. 细胞摄入微生物进行消化的过程称为（　　）。
A. 异噬作用　　B. 出胞作用　　C. 吞饮作用
D. 受体介导的内吞作用　　E. 自噬作用
17. 既能主动转运又能被动转运小分子物质进出细胞的结构是（　　）。
A. 载体蛋白　　B. 膜抗原　　C. 膜受体
D. 离子通道蛋白　　E. 外在蛋白

（二）B 型题

1. A. 胞饮作用　B. 简单扩散　C. 易化扩散
   D. 离子通道扩散　　E. 吞噬作用
① 尿素是通过（　　）作用进入细胞内的。
② 氨基酸是通过（　　）方式进入细胞内的。
③ 细菌是通过（　　）方式进入细胞内的。
④ 蛋白质溶液是通过（　　）方式进入细胞内的。
⑤ Na^+ 是通过（　　）作用进入细胞的。

2. A. 载体蛋白　B. 通道蛋白　C. 膜镶嵌酶
   D. 膜受体　E. 膜抗原
① 细胞膜上能与膜外配体结合并引起胞内特定反应的结构称为（　　）。
② 既能主动转运又能被动转运小分子物质进出细胞的结构是（　　）。
③ 细胞膜上的腺苷酸环化酶属于（　　）。
④ 只能执行被动转运小分子物质的结构为（　　）。
⑤ 细胞膜上能够刺激机体产生相应抗体的蛋白类大分子称为（　　）。

（三）X 型题

1. 简单扩散方式通过膜脂双分子层的物质是（　　）。
A. O_2　　B. 尿素　　C. H_2O
D. 甘油　　E. 乙醇
2. 小肠和肾小管上皮细胞吸收葡萄糖的方式可以是（　　）。
A. 单运输　　B. 对向运输　　C. 离子驱动的主动运输
D. 伴随运输　　E. 同向运输
3. Na^+-K^+ 泵运输的主要特点是（　　）。
A. 逆电化学梯度对向运输　　B. 需要载体
C. 消耗能量 ATP　　D. Na^+ 入胞
E. K^+ 出胞
4. 通过膜载体转运的物质是（　　）。
A. CO_2　　B. 葡萄糖　　C. 氨基酸
D. H_2O　　E. 金属离子

5. 细胞膜对小分子物质的运输方式有（　　）。

A. 载体蛋白介导　B. 简单扩散　　　C. 易化扩散

D. 主动运输　　　E. 通道蛋白介导

6. 属于被动运输的细胞运输方式有（　　）。

A. 离子通道扩散　　B. 伴随运输　　　C. 简单扩散

D. 离子泵　　　　　E. 帮助扩散

7. 脂溶性物质进入细胞主要取决于（　　）。

A. 分子大小　　　B. 受体数目　　　C. 载体数目

D. 膜两侧浓度梯度　　　　　　　　E. 脂溶性程度

8. 帮助扩散的特征是（　　）。

A. 需要消耗 ATP　　　　　　B. 需要载体蛋白

C. 需要膜电位变化　　　　　　D. 顺浓度梯度扩散

E. 逆浓度梯度扩散

9. 细胞膜泡运输特征是（　　）。

A. 形成衣被小泡　B. 受体介导　　　C. 需要消耗 ATP

D. 需要钙离子调控　　　　　　E. 需要细胞膜电位改变

（四）问答题

1. 物质进出细胞有哪几种运输方式？
2. 低密度脂蛋白（LDL）是如何进入细胞内成为可以被细胞利用的胆固醇的？

【参考答案】

（一）A 型题

1. A　　2. A　　3. C　　4. A　　5. C　　6. D　　7. A　　8. B　　9. A

10. D　　11. C　　12. A　　13. C　　14. B　　15. A　　16. A　　17. A

（二）B 型题

1. ① B　　② C　　③ E　　④ A　　⑤ D
2. ① D　　② A　　③ C　　④ B　　⑤ E

（三）X 型题

1. ABDE　　2. CDE　　3. ABCDE　　4. BCE　　5. ABCDE　　6. ACE

7. ADE　　8. BD　　9. ABC

（四）问答题

1. 小分子物质的跨膜运输分为被动运输和主动运输。被动运输不需要消耗代谢能，依靠膜两侧物质的浓度梯度就能够将物质从膜一侧运输到膜的另一侧。被动运输主要包括不需要蛋白质介导的简单扩散、需要载体蛋白介导的易化（帮助）扩散以及需要通道蛋白介导的通道扩散。而主动运输时物质运输过程中需要消耗代谢能，细胞逆浓度梯度运输物质。它主要包括钠钾离子泵、钙泵等。大分子物质以膜泡形式运输，根据物质分子流向分为胞吞作用（吞噬作用、吞饮作用、受体介导的胞吞作用）和胞吐作用，二者均要消耗能量。

2. LDL 颗粒首先与细胞膜上的 LDL 受体结合，在细胞表面形成有被小窝，然后，LDL 与受体一起形成有被小泡进入细胞。在胞内，有被小泡很快脱去衣被成为无被小泡与胞内的小囊结合，形成大的内吞体，其膜上有 H^+ 泵，能起酸解作用，使受体与 LDL 颗粒分离。含有受体的小泡回到质膜参与受体再循环；含 LDL 小泡与溶酶体结合，LDL 被酶分解为游离的胆固醇进入细胞质，成为细胞合成膜的原料。

（四川大学　杨春蕾；第二军医大学　朱海英）

第八章 细胞膜与细胞的信号转导

【教学要求】

(一) 掌握

细胞信号转导、信号分子、第二信使的概念；细胞信号分子类型、受体的类型及特点；G 蛋白的结构与功能。

(二) 熟悉

cAMP 信号通路、cGMP 信号通路、磷脂酰肌醇信号通路、具有酪氨酸激酶活性的受体信号通路的组成及第二信使。

(三) 了解

各信号通路的传递过程。

【知识要点】

(一) 基本概念

(1) 信号转导（signal transduction） 信号转导是指当细胞感受细胞外信号分子的刺激后，将胞外信号转变为细胞内信号，最终使细胞产生特异性反应的过程。

(2) 信号分子（signal molecule） 信号分子是指参与细胞信号转导的化学分子，如激素、神经递质、生长因子等。根据溶解度信号分子可分为亲水性和亲脂性两种类型。

(3) 膜受体（membrane receptor） 膜受体是指存在于细胞膜上可以选择性地识别外来信号，并与之结合而发生继发信号产生相应的细胞效应的结构。

(4) 第一信使（primary messenger）和第二信使（second messenger） 第一信使是指由细胞产生，可被细胞表面或胞内受体接受、穿膜转导，产生特定的胞内信号的细胞外信使；第二信使是指当第一信使分子与膜上特异受体结合后，通过膜发生信号转导，在胞内产生的小分子物质，如 cAMP、IP_3 等，有助于信号向胞内进行传递。

(5) G 蛋白偶联受体（G-protein coupled receptor） 这是一种与三聚体 G 蛋白偶联的细胞膜受体。含有 7 个跨膜 α 螺旋区域，与配体结合后通过激活所偶联的 G 蛋白启动不同的信号转导通路并导致各种生物效应。

(6) G 蛋白（G-protein） G 蛋白是"鸟嘌呤核苷酸结合蛋白"的简称，是指具有 GTP 酶活性、在细胞信号通路中起信号转换器或分子开关作用的蛋白质，位于细胞膜胞质面，为可溶性的膜外周蛋白，由 α、β 和 γ 三种蛋白亚基组成。βγ 二聚体通过共价结合锚于膜上稳定 α 亚基，而 α 亚基本身具有 GTP 酶活性。

（二）主要内容

细胞信号转导是细胞生物学的研究热点之一，细胞的信号分子概念及类型、受体的概念及类型、G 蛋白的结构与功能等都是应该熟练掌握的，要注意细胞信号传递途径的复杂性与网络整合信息。

信号转导是指当细胞感受细胞外信号分子的刺激后，将胞外信号转变为细胞内信号，最终使细胞产生特异性反应的过程。

1. 细胞的化学信号分子及其受体

1）信号分子

根据胞外信号分子的特点和作用方式，信号分子可分为内分泌激素、神经递质和局部化学介质。

根据溶解度，信号分子可分为亲脂性信号分子和亲水性信号分子。

胞外信息分子（配体）与膜受体结合，将信息传递至细胞质或核内，调节靶细胞功能的过程，这被称为膜受体介导的穿膜信号转导。一般将细胞外信号分子称为第一信使，而当配体与膜上特异受体结合后，通过膜发生信号转导，在胞内产生的小分子物质被称为第二信使。

2）受体

受体是一类能够识别和选择性结合某种配体（信号分子）的大分子。根据靶细胞上受体存在的部位，可将受体分为细胞内受体和细胞膜受体。细胞内受体位于细胞质基质或核基质中，主要识别和结合亲脂性信号分子；细胞膜受体主要识别和结合亲水性信号分子。

细胞膜受体主要为镶嵌在细胞膜上的糖蛋白，由与配体相互作用的细胞外域（亲水部分）、将受体固定在细胞膜上的跨膜域（疏水部分）和起传递信号作用的胞内域（亲水部分）三部分构成。

根据信号转导机制和受体蛋白类型的不同，细胞膜受体可分为三种类型：离子通道偶联受体、G 蛋白偶联受体和酶联受体。

3）受体和信号分子结合的特点

这部分包括受体的特异性与非绝对性、可饱和性、高亲和力、可逆性以及特定的作用模式。

2. G 蛋白偶联受体信号传递途径

（1）G 蛋白的结构与活性变化。

G 蛋白的全称为"鸟嘌呤核苷酸结合蛋白"，是指具有 GTP 酶活性，在细胞信号通路中起信号转换器或分子开关作用的蛋白质，位于细胞膜胞质面，为可溶性的膜外周蛋白，由 α、β 和 γ 三种蛋白亚基组成。根据 α 亚单位的结构与活性，将其分为三类：刺激型 G 蛋白（Gs）、抑制型 G 蛋白（Gi）和磷酯酶 C 型 G 蛋白（Gp）。

在信号转导中 G 蛋白的活性变化可分为三个步骤：受体激活、G 蛋白激活、G 蛋白复原失活。

（2）胞内信号传递与第二信使。

① cAMP 信号途径。

环磷酸腺苷（cAMP）是最重要的胞内信使，它的产生是由细胞膜中的刺激型受体（Rs）、抑制型受体（Ri）、Gs、Gi 和腺苷酸环化酶（AC）5 种组分控制的。cAMP 信号途径通过其 5 种组分的互相协作进行信号转换，cAMP 激活依赖 cAMP 的蛋白质激酶 A（PKA），激发一系列生物学效应。

② cGMP 信号途径。

环磷酸鸟苷（cGMP）是通过鸟苷酸环化酶（GC）催化水解 GTP 后产生的，cGMP 发挥作用主要通过激活 cGMP 依赖的蛋白激酶 G（PKG），使相应的蛋白质磷酸化，进而引起细胞效应。

③ 磷脂酰肌醇信号途径。

磷脂酰肌醇信号途径是通过胞外信号分子与细胞膜上 G 蛋白偶联受体结合，激活细胞膜上的磷酯酶 C（PLC），使质膜上的 4,5-二磷酸磷脂酰肌醇（PIP_2）水解产生两个第二信使：1,4,5-三磷酸肌醇（IP_3）和二酰甘油（DG），使细胞外信号转换为细胞内信号。

3. 酶联受体信号传递途径

酶联受体通过与细胞外信号分子结合，调节细胞的生长、增殖、分化等生命活动。其作用方式往往要经过细胞内多步传递，最终改变基因表达。

【练习题】

（一）A 型题

1. 下列属于神经递质类信号分子的是（　　）。

A. 肾上腺素　　B. 乙酰胆碱　　C. 表皮生长因子

D. 一氧化氮　　E. 神经生长因子

2. 下列对受体描述正确的是（　　）。

A. 其接受的外界信号为第二信使

B. 其结合配体的能力和所在的组织部位无关

C. 是位于细胞膜上的一类蛋白质

D. 可特异性地识别和结合信号分子，产生继发信号激活细胞内的一系列生化反应

E. 通常位于细胞膜或细胞内的脂类

3. N-乙酰胆碱受体属于（　　）。

A. 生长因子类受体　　　　　　B. 离子通道偶联受体

C. G蛋白偶联受体　　　　　D. 细胞核受体
E. 酶联受体

4. 下列哪种受体属于G蛋白偶联受体？（　　）
   A. 胰岛素受体　　　　　　B. 生长因子受体
   C. N-乙酰胆碱受体　　　　D. α-肾上腺素受体
   E. 神经生长因子受体

5. 体内信息物质的浓度一般都非常低，但却能够与相应配体结合产生显著的生物学效应，此特性属于（　　）。
   A. 特异性　　　　　　　　B. 可饱和性
   C. 高亲和力　　　　　　　D. 可逆性
   E. 特定的作用模式

6. 下列关于G蛋白描述错误的是（　　）。
   A. G蛋白的β亚基和γ亚基起调控作用
   B. G蛋白可在受体与效应蛋白之间传递信息
   C. 配体可直接与G蛋白结合引起其构象改变
   D. G蛋白由α、β和γ三种蛋白亚基组成
   E. G蛋白具有GTP酶活性，在细胞信号通路中起分子开关的作用

7. 在G蛋白中，α亚基的活性状态是通过哪种方式实现的？（　　）
   A. 与GTP结合，与β、γ聚合
   B. 与GTP结合，与β、γ分离
   C. 与GDP结合，与β、γ聚合
   D. 与GDP结合，与β、γ分离
   E. 与ATP结合，与β、γ分离

8. 下列能激活腺苷酸环化酶的G蛋白是（　　）。
   A. Gs蛋白　　B. Gi蛋白　　C. Gp蛋白
   D. Gs蛋白和Gp蛋白　　　　E. Gi蛋白和Gp蛋白

9. 下列能结合磷脂酶C的G蛋白是（　　）。
   A. Gs蛋白　　B. Gi蛋白　　C. Gp蛋白
   D. Gs蛋白和Gp蛋白　　　　E. Gi蛋白和Gp蛋白

10. G蛋白偶联受体信号传递途径中刺激型途径和抑制型途径的共同点是（　　）。
    A. 都有同样的受体
    B. 作用的效应蛋白都是腺苷酸环化酶
    C. 都能激活腺苷酸环化酶
    D. 都能抑制腺苷酸环化酶
    E. 都能激活磷脂酰肌醇特异的磷脂酶C

11. cAMP信号途径和磷脂酰肌醇信号途径的共同点是（　　）。

A. 都只能产生一种第二信使　　　　B. 都能活化腺苷酸环化酶
C. 都能活化磷脂酶 C　　　　　　　D. 都要通过 G 蛋白活化特定的酶
E. 都要通过激活蛋白激酶 C 产生一系列生物学效应

12. 下列物质不属于细胞内信使的是（　　）。
A. cAMP　　　B. cGMP　　　C. Ach
D. Ca^{2+}　　E. DG

13. 动物细胞中 cAMP 的主要生物学功能是活化（　　）。
A. PKC　　　B. PKB　　　C. PTK
D. PKG　　　E. PKA

14. 下列哪一种成分可降解 cAMP 生成 5′-AMP，导致细胞内 cAMP 水平下降？（　　）
A. PDE　　　B. AC　　　C. PKA
D. PKG　　　E. GC

15. 与细胞内钙离子浓度调控直接相关的信号为（　　）。
A. DG　　　B. PKC　　　C. CaM
D. IP_3　　E. PLC

16. 单条肽链组成跨膜糖蛋白，具有酪氨酸激酶活性的受体是（　　）。
A. N-乙酰胆碱受体　　　　　　B. 表皮生长因子受体
C. 甘氨酸受体　　　　　　　　D. 谷氨酸受体
E. α-肾上腺素受体

17. 蛋白酪氨酸激酶（PTK）受体完成信号转导靠的是（　　）。
A. 开启离子通道　　　　　　　B. 激活 G 蛋白，使之活化某种酶
C. 产生 cAMP　　　　　　　　D. 集合自身 PTK 活性
E. 激活蛋白激酶

（二）B 型题

A. 膜受体　　B. 膜抗原　　C. 通道蛋白
D. 载体蛋白　　E. 镶嵌蛋白

1. 细胞膜上能与胞外的化学信号分子结合并引起胞内特定反应的结构称为（　　）。

2. 细胞膜上的蛋白酪氨酸激酶属于（　　）。
A. 细胞膜受体　　B. 细胞内受体　　C. 配体
D. 第二信使　　　E. 效应蛋白

3. cGMP 属于（　　）。

4. 肾上腺素属于（　　）。

5. 肝细胞膜上的 β 受体属于（　　）。

6. 腺苷酸环化酶属于（　　）。

(三) X 型题

1. 下列哪些信号分子能和细胞表面受体结合?（　　）
   A. 神经递质　　B. 甲状腺素　　C. 甾类激素
   D. 多肽类激素　E. 生长因子
2. 细胞膜受体主要是膜上的一类（　　）。
   A. 脂类分子　　B. 镶嵌蛋白　　C. 胆固醇
   D. 糖蛋白　　　E. 糖脂
3. 细胞膜受体与信号分子结合的特性包括（　　）。
   A. 特异性　　　B. 高亲和力　　C. 方向性
   D. 可饱和性　　E. 可逆性
4. 下列哪些是细胞内的第二信使?（　　）
   A. cAMP　　　 B. cGMP　　　　C. IP_3
   D. DG　　　　 E. Ca^{2+}
5. 下列哪些受体胞质区具酪氨酸蛋白激酶活性?（　　）
   A. 表皮生长因子受体　　　　B. 胰岛素受体
   C. 血管内皮生长因子受体　　D. N-乙酰胆碱受体
   E. 肝细胞生长因子受体

(四) 问答题

1. 细胞信号转导过程包括了哪些方面?
2. 简述信号分子的类型及特点。
3. 简要说明 G 蛋白的作用机制。
4. 简要说明 cAMP 信号系统的组成及其信号途径。
5. 请简要说明 cAMP 途径与磷脂酰肌醇信号途径有哪些相同和不同之处。

【参考答案】

(一) A 型题

1. B　　2. D　　3. B　　4. D　　5. C　　6. C　　7. B
8. A　　9. C　　10. B　　11. D　　12. C　　13. E　　14. A
15. D　　16. B　　17. D

(二) B 型题

1. A　　2. E　　3. D　　4. C　　5. A　　6. E

(三) X 型题

1. ADE　　2. BD　　3. ABDE　　4. ABCDE　　5. ABCE

(四) 问答题

1. 细胞信号转导过程包括：合成信号分子（信号转导途径中的第一信使）、细胞释放信号分子、信号分子向靶细胞转运、信号分子与靶细胞特异性受体结合、把信号进行跨膜转导变为细胞内的信号分子并进行胞内信号转译完成生理作用、终止信号分子的作用。

2. 信号分子从化学结构来看，主要有短肽、蛋白质、气体分子（NO、CO）、氨基酸、核苷酸、脂类、胆固醇衍生物等。根据胞外信号的特点和作用方式，信号分子可分为内分泌激素、神经递质、局部化学介质等类型。根据溶解度，信号分子可分为亲脂性和亲水性两种类型。这些信号分子在作用上有以下特点：①特异性，即一种信号只能作用于一种或几种细胞；②复杂性，即同一信号可对不同的细胞产生不同的效应；③时间效应，即有的反应快效应短暂，有的反应慢效应长久。

3. 根据α亚基的结构与活性，G蛋白可分为三类：刺激型G蛋白（Gs）、抑制型G蛋白（Gi）和磷脂酶C型G蛋白（Gp）。静息状态下G蛋白由α、β和γ3个亚基组成三聚体；α亚基与GDP结合使G蛋白处于非活性状态，而与GTP结合则处于活性状态；可被与配体结合的受体激活，活化后结合的GDP被GTP取代，这时三聚体蛋白分为两部分，即βγ亚基复合体和α亚基GTP复合体；由于α亚基具有鸟苷酸（GTP或GDP）结合位点、与受体及效应蛋白的作用位点，同时还具有GTP酶的活性，因而在G蛋白激酶及信号转导中发挥至关重要的作用。α亚基通过与受体相互作用，与GDP和GTP交替结合而调控G蛋白活性及激活其效应蛋白，使信号转至胞内。

4. 环磷酸腺苷（cAMP）是最重要的胞内信使，它的产生是由细胞膜中的刺激型受体（Rs）、抑制型受体（Ri）、刺激型G蛋白（Gs）、抑制型G蛋白（Gi）和腺苷酸环化酶（AC）5种组分控制的。cAMP可被特异的环核苷酸磷酸二酯酶迅速水解为5′-AMP，失去信号功能。cAMP信号途径通过其5种组分的互相协作进行信号转换，发生促进或抑制作用。

cAMP信号途径有以下两种调节模型。

① 某种激动剂信号与受体（Rs）结合而被激活，导致构象改变，暴露出与Gsα亚基结合的部位，使Gsα亚基被激活。因构象改变，结合的GDP被GTP置换，引起Gsα亚基与β、γ亚基解离，并暴露出与腺苷酸环化酶的结合部位。同时，信号受体复合物也与Gs解离。活化Gsα亚基与腺苷酸环化酶结合而使环化酶被激活，催化ATP转化为cAMP。cAMP的浓度增加，则cAMP激活依赖cAMP的蛋白质激酶A（PKA），激发一系列生物学效应。该信号途径可表示为：激素→G蛋白偶联受体→G蛋白→腺苷酸环化酶→cAMP→PKA→基因调控蛋白→基因转录。

② 与Gs的作用相反，抑制剂信号与抑制型受体（Ri）结合后，先引起Giα亚基与β、γ亚基的解离而被活化。Giα-GTP一方面直接抑制环化酶；另一方面因Gi的α亚基与β、γ亚基解离后，游离状态的β、γ亚基在膜上可与Gsα亚基结合成为非活性

的 Gs 蛋白，从而间接抑制环化酶。后者的抑制作用比前者更强。

5. 两条信号途径的相同点：都是由 7 次跨膜的 G 蛋白偶联受体和 G 蛋白介导的；最终结果都是通过磷酸化级联反应使基因调控蛋白或靶蛋白发生改变，进而产生细胞效应。

两条信号途径的不同点：cAMP 信号途径的效应酶为腺苷酸环化酶（AC），磷脂酰肌醇信号途径的效应酶为特异的磷酯酶 C（PLC）；cAMP 信号途径的第二信使是 cAMP，磷脂酰肌醇信号途径的第二信使是 IP_3 和 DG（双信使系统）；cAMP 信号途径主要通过激活蛋白激酶 A 引发磷酸化级联反应，磷脂酰肌醇信号途径主要是蛋白激酶 C 和钙调蛋白依赖激酶。

（泸州医学院　税青林　田　强）

第九章 细胞膜与细胞识别

【教学要求】

(一) 掌握

细胞识别现象；细胞识别所引起的反应类型。

(二) 熟悉

细胞识别的分子基础。

(三) 了解

细胞识别在医学中的应用。

【知识要点】

(一) 基本概念

细胞识别（cell recognition） 细胞识别是指细胞通过细胞膜受体对同种或异种细胞的认识和鉴别，以及对自己和异己物质分子认识和鉴别的过程。细胞识别具有种属、组织和细胞特异性。

(二) 主要内容

细胞识别是指细胞间相互的辨认和鉴别，以及对自己和异己物质分子认识的现象。细胞识别具有种属、组织、细胞特异性。多细胞生物机体中有三种识别系统：抗原与抗体的识别、酶与底物的识别以及细胞与细胞间的识别。

1. 细胞识别的现象

各种细胞识别现象可分为细胞与细胞间的识别和细胞对分子的识别两大类。细胞与细胞间的识别主要有四种类型：①同种同类细胞间的识别，如胚胎发育与分化过程中的细胞相互聚集过程。②同种异类细胞之间的识别，如受精过程中精子和卵细胞之间的相互识别。③异种异类细胞间的识别，如人体对入侵体内细菌的识别。④异种（体）同类细胞之间的识别，如异体器官移植中导致的排异反应。

2. 细胞识别的分子基础

细胞识别实质上是分子识别。参与细胞识别的大分子主要是结合于细胞膜中或细胞膜外的糖蛋白。

细胞识别是细胞表面特异膜分子间或受体与大分子间互补形式的相互作用。作用方式可能有：①相同受体间的相互作用；②受体与细胞表面大分子间的相互作用；③相同受体与游离大分子间的相互作用。

3. 细胞识别所引起的反应

由细胞识别所引起的细胞反应大致分为以下三种类型：①由识别导致配体进入细胞内；②由识别导致细胞的黏着；③由识别导致细胞生理、生化性质和行为的改变。

【练习题】

（一）A 型题

1. 细胞识别的主要部位在（　　）。
   A. 细胞质　　B. 细胞核　　C. 细胞器
   D. 细胞外被　　E. 细胞膜的特化结构
2. 下列关于细胞识别类型的说法错误的是（　　）。
   A. 胚胎发育与分化过程中的细胞相互聚集过程属于同种同类细胞间的识别
   B. 受精过程中精子与卵细胞之间的识别属于同种异类细胞间的识别
   C. 人体对入侵机体细菌的识别属于异种同类细胞间的识别
   D. 异体器官移植中导致排异反应产生是由于异体同类细胞之间的识别
   E. 各种细胞识别可分为细胞与细胞间的识别和细胞对分子的识别两类
3. 参与细胞识别的大分子主要是下列哪一类？（　　）
   A. 糖蛋白　　B. 糖脂　　C. 核酸
   D. 脂类分子　　E. 多糖

（二）B 型题

A. 同种同类细胞间的识别　　B. 同种异类细胞间的识别
C. 异种同类细胞间的识别　　D. 异种异类细胞间的识别
E. 细胞与非细胞成分的识别

1. 如果把鸡胚细胞和小鼠胚细胞分散后混合培养，发现各种细胞仍按其来源组织分别聚集，这种现象属于（　　）。
2. 人体血液中的白细胞能够识别侵入机体的细菌并将其吞噬，但却从未吞噬血液中自身正常的细胞，这种现象属于（　　）。

（三）X 型题

1. 多细胞生物机体中的细胞识别系统主要有（　　）。
   A. 抗原与抗体识别系统　　B. 酶与底物识别系统
   C. 细胞与组织识别系统　　D. 细胞与细胞间识别系统
   E. 组织与组织识别系统
2. 细胞识别是通过细胞表面特异膜分子间或受体与大分子间互补进行的，其可能的主要作用方式包括（　　）。

 A．相同受体间相互作用

 B．不同受体间相互作用

 C．受体与细胞表面大分子间相互作用

 D．细胞表面大分子间相互作用

 E．相同受体与游离大分子间相互作用

3．下列哪些细胞反应是由细胞识别引起的？（　　）

 A．导致配体进入细胞内

 B．导致细胞与细胞间的黏着

 C．导致细胞与细胞外基质间的黏着

 D．通过信号传导引起细胞的一系列生物化学反应

 E．通过第二信使激活蛋白激酶引起细胞的多种生理变化

（四）问答题

简要说明细胞识别的分子基础。

【参考答案】

（一）A 型题

1．D 2．C 3．A

（二）B 型题

1．A 2．D

（三）X 型题

1．ABD 2．ACE 3．ABCDE

（四）问答题

  细胞识别实质上是分子识别。参与细胞识别的大分子主要是结合于细胞膜中或细胞膜外的糖蛋白。由于各种细胞表面寡糖链中的单糖种类、数目、排列顺序和结合方式不同，故糖链具有多样性和复杂性。它像"指纹"或"接收天线"一样，能识别细胞外各种信息分子，其中的唾液酸对细胞识别具有重要作用。糖蛋白的糖链可被凝集素或具有凝集素样结构域的蛋白质所识别，也可被细胞表面的糖代谢酶类所识别。除糖链与肽链之间的识别外，肽链与肽链间、糖链与糖链间的识别也可能参与细胞间的识别。因此，细胞识别是细胞表面特异膜分子间或受体与大分子间互补形式的相互作用。

（泸州医学院　田　强　刘　岚）

第十章 细胞膜与医药学

【教学要求】

(一) 熟悉

膜转运系统异常与疾病、膜受体异常与疾病、细胞膜与肿瘤。

(二) 了解

膜生物工程在医药学领域的应用。

【知识要点】

(一) 基本概念

(1) 受体病 (receptor disease)　受体病是指膜受体数量增减和结构上的缺陷以及特异性、结合力的异常改变引起的疾病。

(2) 接触抑制 (contact inhibition)　接触抑制是指正常细胞在离体条件下，细胞生长到一定的密度时彼此相互接触，细胞便停止增殖的现象。

(3) 膜生物工程 (membrane biotechnology)　膜生物工程是指利用人工方法把细胞中的磷脂（或人工合成的磷脂）在水溶液中制成脂质体，作为一种运载工具，可将某些特殊生物大分子或小分子药物等定向地导入到特定的细胞中，达到诊断、治疗各种疾病或改变血细胞某些特性的目的。

(二) 主要内容

本章主要通过临床相关疾病发病机制的介绍，结合前面已学的知识，从细胞和分子水平认识细胞膜异常与疾病的关系。

1. 膜转运系统异常与疾病

基因突变或表达异常使膜转运蛋白数量或结构发生改变是引起相应的遗传性膜转运异常疾病的原因。

胱氨酸尿症是由于肾小管上皮细胞转运胱氨酸及二氨基氨基酸的载体蛋白先天性缺陷，使患者的尿中含有大量胱氨酸形成结晶，造成尿路结石形成的。

肾性糖尿病是由于肾小管细胞膜转运葡萄糖的载体蛋白功能缺陷，使葡萄糖重吸收障碍引起尿糖增高造成的。

2. 膜受体异常与疾病

受体病是指膜受体数量增减和结构上的缺陷以及特异性、结合力的异常改变引起的疾病。根据病因受体病可分为：遗传性受体病、自身性免疫性受体病和继发受体病。

家族性高胆固醇血症是由于患者 LDL 受体遗传性缺陷，细胞膜上 LDL 受体先天性缺损，不能有效地摄取血液中胆固醇并进行胆固醇合成的调节，引起血浆胆固醇浓度升高造成的。

重症肌无力是由于患者产生了乙酰胆碱受体的抗体所致。这些抗体与乙酰胆碱受体结合，封闭了乙酰胆碱的作用。同时抗体也能促进乙酰胆碱受体的分解，从肌肉细胞表面消失。

3. 细胞膜与肿瘤

已经发现肿瘤细胞许多表型变化及其相随的恶性改变均与细胞膜的结构、理化性质和功能的改变有密切的关系。

肿瘤细胞膜结构和组分的变化，特别是糖脂与膜蛋白的改变，与肿瘤的生长、转移和免疫等有密切的关联。

当细胞癌变后，在细胞膜组分和结构异常变化基础上，细胞膜会发生很多功能特性的异常，如接触抑制改变、细胞间交流与连接受损、对大分子通透性改变、凝集性能改变等。

4. 膜生物工程与医药学

膜生物工程也称人工膜技术，是利用人工方法把细胞中的磷脂（或人工合成的磷脂）在水溶液中制成脂质体，作为一种运载工具，可将某些特殊生物大分子或小分子药物等定向地导入到特定的细胞中，达到诊断、治疗各种疾病或改变血细胞某些特性的目的。

【练习题】

(一) **A 型题**

1. 胱氨酸尿症是由下列哪种原因造成的？（　　）
   A. 膜转运系统异常　　　　B. 膜受体缺陷
   C. G 蛋白功能异常　　　　D. 蛋白激酶功能异常
   E. 细胞连接异常

2. 家族性高胆固醇血症是由下列哪种原因造成的？（　　）
   A. 膜转运系统异常　　　　B. 膜受体缺陷
   C. G 蛋白功能异常　　　　D. 蛋白激酶功能异常
   E. 细胞连接异常

3. 重症肌无力患者不具有的特征是（　　）。
   A. 体内产生了抗乙酰胆碱受体的抗体
   B. 乙酰胆碱受体会发生分解，从肌肉细胞表面消失
   C. 乙酰胆碱受体数量会减少到正常的一半以下

D. 乙酰胆碱受体的作用被封闭

E. 乙酰胆碱受体中与乙酰胆碱相结合的部位发生缺失

(二) B 型题

  A. 载体蛋白异常   B. 离子通道蛋白异常
  C. 膜受体异常   D. 细胞连接异常
  E. 细胞膜表面唾液酸消失

  1. 囊性纤维化主要是由于细胞膜上的何种改变导致的?( )
  2. 肾性糖尿病主要是由于细胞膜上的何种改变导致的?( )

  A. 遗传性受体病   B. 受体增多症
  C. 继发性受体病   D. 自身性免疫性受体病
  E. 受体结合力增强

  3. 家族性高胆固醇血症属于( )。
  4. 重症肌无力属于( )。
  5. 肥胖性糖尿病患者摄取过剩引起血糖升高,通过胰岛素对自身受体的向下调节,导致细胞膜上的胰岛素受体减少,这种受体病属于( )。

(三) X 型题

  1. 肿瘤细胞与正常细胞比较,其细胞膜会发生下列哪些变化?( )
  A. 接触抑制消失
  B. 细胞间黏着作用消失
  C. 细胞膜上的抗原会消失或产生异型抗原
  D. 细胞膜上出现微绒毛、褶皱、变形足
  E. 细胞膜中的某些蛋白质会发生改变

  2. 脂质体用作载体的优点表现在( )。
  A. 可防止核酸被体内物质降解
  B. 易于制备,使用方便
  C. 可将大的 DNA 片段转运到细胞中去
  D. 基因转染率较高
  E. 无毒、无免疫原性

(四) 问答题

  为何有人将肿瘤称为膜分子病?肿瘤细胞膜主要发生哪些改变?

【参考答案】

(一) A 型题

  1. A 2. B 3. E

(二) B 型题

1. B   2. A   3. A   4. D   5. C

(三) X 型题

1. ABCDE   2. ABCDE

(四) 问答题

肿瘤细胞是由体内正常细胞发生恶变产生的，研究发现肿瘤细胞许多表型变化及其相随的恶性行为均与细胞膜的结构、理化性质和功能的改变有密切的关系。因此，将肿瘤称为膜分子病。

肿瘤细胞膜的变化主要体现在：①肿瘤细胞膜组分的异常：包括糖脂、膜蛋白等的改变；②肿瘤细胞膜表面特性异常：包括接触抑制丧失、黏着作用消失、抗原性改变、与外源性凝集素的反应改变等；③肿瘤细胞形态学上发生改变：出现微绒毛、褶皱、变形足等异常改变。

(泸州医学院　田　强　刘　岚　税青林)

第三篇　细胞质和细胞器

第十一章　细胞质基质

【教学要求】

(一) 掌握

掌握细胞质基质的概念。

(二) 了解

(1) 细胞质基质的化学组成和某些物理特性。
(2) 细胞质基质的生物学特性。
(3) 细胞质基质的功能。

【知识要点】

(一) 基本概念

细胞质基质（cytoplasmic matrix）是在真核细胞质中，除去可分辨的细胞器以外的胶状物质。

(二) 主要内容

1. 细胞质基质的化学成分
(1) 小分子类：水、无机离子等。
(2) 中分子类：脂类、糖、氨基酸、核苷酸等。
(3) 大分子类：如蛋白质、多糖、脂蛋白及核酸等，以及与中间代谢有关的数千种酶类等。

2. 细胞质基质的某些物理学特性
细胞质基质具有较强的黏性，实际上是一种液晶态。

3. 细胞质基质的生物学特性
(1) 可分裂。

(2) 物质反应场所。
(3) 激应性。
(4) 运动性。

【练习题】

(一) A 型题

有关细胞质基质下列说法错误的是（　　）。
A. 细胞质基质是蛋白质和脂质合成的重要场所
B. 用差速离心法分离得到的上清液就是细胞质基质
C. 细胞质基质中的多数蛋白质直接或间接地连接到细胞骨架纤维上
D. 细胞质基质的许多功能都与细胞骨架相关

(二) 问答题

细胞质基质的生物学特性如何？

【参考答案】

(一) A 型题

A

(二) 问答题

细胞质基质的生物学特性大致有以下几个方面：①细胞质基质在生长时期同化作用大于异化作用。②是物质反应的场所。③具有激应性。④具有运动性。

(四川大学　杨春蕾)

第十二章 内 膜 系 统

【教学要求】

(一) 掌握

(1) 内膜系统的基本概念。
(2) 内质网的形态结构和功能，糙面内质网与蛋白质的合成过程。
(3) 高尔基复合体的形态结构和功能。
(4) 溶酶体的形态结构、类型和功能，溶酶体与疾病。
(5) 信号假说。

(二) 熟悉

(1) 高尔基复合体与细胞的分泌活动。
(2) 过氧化物酶体的形态结构和功能。
(3) 内膜系统与细胞内的区域化。
(4) 分选信号与运输途径。
(5) 胞内蛋白质的运输方式：门孔运输、跨膜运输、囊泡运输。
(6) 膜的运动和膜流。

(三) 了解

(1) 内质网、高尔基复合体的病理性变化。
(2) 过氧化物酶体病。

【知识要点】

(一) 基本概念

(1) 内膜系统（endomembrane system） 内膜系统是指位于细胞质内，在结构、功能乃至发生上有一定联系的膜性结构的总称。其包括内质网、高尔基复合体、溶酶体、核膜等细胞器以及细胞质内的膜性转运小泡。

(2) 囊泡运输（vesicle transport） 蛋白质从内质网转运到高尔基复合体以及从高尔基复合体转运到溶酶体、分泌泡、细胞质膜、细胞外等均是由小泡介导的，这种小泡称为运输小泡（transport vesicle）。

(3) 糙面内质网（rough endoplasmic reticulum，RER） 糙面内质网是核糖体和内质网共同构成的复合结构，多呈大的扁平膜囊状，排列整齐，普遍存在于分泌蛋白质的细胞中,其主要功能是合成分泌性的蛋白质、多种膜蛋白和酶蛋白。

(4) 光面内质网(smooth endoplasmic reticulum,SER)　光面内质网是指没有核糖体附着的内质网,通常为小的膜管和膜囊状,广泛存在于各种类型的细胞中,功能复杂多样,是脂类合成的重要场所。

(5) 高尔基复合体(golgi complex)　高尔基复合体属于内膜系统,由单层膜围成,是一个具有极性的细胞器,结构上分为三部分:① 顺面高尔基网,靠近内质网;② 中间高尔基网,由扁平囊和管道组成;③ 反面高尔基网。中间高尔基网是高尔基复合体中最具特征性的结构。高尔基复合体的功能与蛋白质的修饰、加工和分选有关。

(6) 分子伴侣(molecular chaperone)　分子伴侣是一类在细胞内协助其他蛋白质多肽链进行正确折叠、组装、转运及降解的蛋白质分子,其大部分成员属于热激蛋白家族。

(7) 信号肽(signal peptide)　信号肽位于糙面内质网合成的新生蛋白质的N端,主要由疏水性氨基酸构成,可被细胞质内的SRP识别,引导蛋白质穿越内质网膜。

(8) 初级溶酶体(primary lysosome)　初级溶酶体是从反面高尔基网形成的小囊泡,仅含有酸性水解酶类,无作用底物。

(9) 次级溶酶体(secondary lysosome)　溶酶体中含有水解酶和相应的底物,是一种将要或正在进行消化作用的溶酶体。根据所消化的物质来源不同,次级溶酶体分为自噬性溶酶体和异噬性溶酶体。

(10) 自噬性溶酶体(autolysosome)　自噬性溶酶体属于次级溶酶体,作用底物是内源性的,即细胞内蜕变、破损的某些细胞器或局部细胞质,是细胞内细胞器和其他结构自然更新的正常途径。

(11) 异噬性溶酶体(heterolysosome)　异噬性溶酶体属于次级溶酶体,作用底物是外源性的,即细胞经吞噬、胞饮作用所摄入的胞外物质。

(12) 自溶作用(autolysis)　自溶作用是指溶酶体将酶释放出来将自身细胞降解。

(13) 结构性分泌途径(constitutive secretory pathway)　结构性分泌途径是指存在于所有类型细胞中,不需要任何信号触发的细胞分泌。在结构性分泌途径中,运输小泡持续地从内质网经高尔基复合体到细胞表面,并立即进行膜的融合,将分泌小泡中的蛋白质释放到细胞外。

(14) 调节性分泌途径(regulated secretory pathway)　调节性分泌途径又称诱导性分泌,见于某些特殊细胞如内分泌细胞。在这些细胞中,调节型分泌小泡成群地聚集在质膜下,在外部信号的触发下和质膜融合,分泌内容物。

(15) 膜流(membrane flow)　膜流指细胞的膜成分在质膜和内膜系统之间,以及在内膜系统各结构之间流动的现象。

(16) 微粒体(microsome)　微粒体是指在细胞匀浆和差速离心过程中获得的内质网碎片融合形成的近似球形的膜囊泡状结构,包含内质网膜和核糖体两种基本成分。

(17) 磷脂交换蛋白（phospholipid transfer protein，PTP）　磷脂交换蛋白是一种水溶性的载体蛋白，与磷脂分子结合后形成水溶性复合物进入细胞质基质中，遇上其他膜时将磷脂释放出来，并插在膜上，从而在不同的膜相细胞器之间转移磷脂。使磷脂从内质网转向线粒体或过氧化物酶体上。

(18) N-连接糖基化（N-linked glycosylation）　这是新合成的蛋白质在内质网中进行糖基化修饰的方式。糖通过与蛋白质的天冬氨酸的自由 NH_2 基连接，所以将这种糖基化称为 N-连接的糖基化。

(19) 共转移（co-translocation）　膜结合核糖体上合成的蛋白质，在它们进行翻译的同时就开始了转运，主要是通过定位信号，一边翻译，一边进入内质网，然后再进行进一步的加工和转移。由于这种转运定位是在蛋白质翻译的同时进行的，故称为共翻译转运。

(20) O-连接的糖基化（O-linked glycosylation）　这种糖基化发生在高尔基复合体内，在糖基转移酶催化下将糖基转移到多肽链的丝氨酸、苏氨酸或羟赖氨酸的羟基的氧原子上。

(21) 蛋白质分选（protein sorting）　绝大多数蛋白质是由细胞质中的核糖体合成的，合成后被运送到细胞的各个部位。细胞通过识别蛋白质的分选信号进行运送。

(22) 自体吞噬（autophagy）　自体吞噬是指溶酶体对自身结构的吞噬降解，清除降解细胞内受损伤的细胞结构、衰老的细胞器以及不再需要的生物大分子等。

(23) 异体吞噬（heterophagy）　异体吞噬是溶酶体对细胞对所吞入的外源性物质的消化分解过程。

(24) 分泌自噬（crinophagy）　分泌自噬是指在分泌细胞中，溶酶体与一部分分泌颗粒融合并将其降解的过程。

(25) 残体（residual body）　次级溶酶体达到末期阶段，水解酶活性下降，致使一些底物不能被完全分解而残留在溶酶体内，这种含有残留底物的溶酶体称为终末溶酶体，又称残体。

(26) 细胞分泌（cell secretion）　细胞将在糙面内质网上合成而又非内质网组成部分的蛋白通过小泡运输的方式经过高尔基复合体的进一步加工和分选运送到细胞内相应结构、细胞质膜以及细胞外的过程称为细胞分泌。

(27) 前向运输（anteretrograde transport）　前向运输是指膜性小泡从内质网到高尔基复合体及其下游细胞器的运输。

(28) 反向运输（retrograde transport）　反向运输是指膜性小泡从高尔基复合体到内质网的运输。

(29) 违约途径（default pathway）　定位于胞质溶胶以及细胞表面的蛋白质没有分选信号。这种定位方式称违约途径或欠缺途径。

(二) 主要内容

内膜系统 (endomembrane system): 内膜系统是位于真核细胞的细胞质内，在结构、功能乃至发生上有一定联系的膜性结构的总称，包括内质网、高尔基复合体、溶酶体、核膜等细胞器以及细胞质内的膜性转运小泡。

1. 内质网

1) 内质网的形态结构

内质网是由一层单位膜形成的，呈囊状、泡状和管状的连续结构。根据内质网上是否附有核糖体，将它分为两类：糙面内质网 (rough endoplasmic reticulum, RER) 和光面内质网 (smooth endoplasmic reticulum, SER)。糙面内质网，是核糖体和内质网共同构成的复合结构，普遍存在于分泌蛋白质的细胞中。光面内质网无核糖体附着，通常为小管和小泡状，广泛存在于各种类型的细胞中。

2) 内质网的功能

糙面内质网的功能：① 糙面内质网最重要的功能是合成外输性蛋白质，包括分泌性蛋白、膜整合蛋白以及定位于内膜系统的蛋白。② 蛋白质的折叠。内质网腔中含有 PDI 以及较多的 GSSG，有利于二硫键的形成；分子伴侣协助蛋白质多肽链进行正确折叠、组装、转运及降解。③ 蛋白质的糖基化修饰。蛋白质的糖基化是指单糖或寡糖与蛋白质共价结合形成糖蛋白的过程，包括 O-连接糖基化 (O-linked glycosylation) 和 N-连接糖基化 (N-linked glycosylation)。在糙面内质网腔主要发生的是 N-连接糖基化，即在糖基转移酶的作用下将寡聚糖添加到多肽链天冬氨酸的自由 NH_2 上。④ 蛋白质的运输。内质网膜以出芽的方式将其合成的蛋白质包裹形成膜性转运小泡，以囊泡的形式进行运输。

光面内质网的功能：脂类的合成、肝细胞的脱毒作用、糖原代谢、储存和调节 Ca^{2+} 的浓度等。

2. 高尔基复合体

1) 高尔基复合体的形态结构

电镜下所观察到的高尔基复合体由平行排列的扁平囊、大囊泡和小囊泡等三种膜性结构组成，扁平囊 (saccule) 是最富有特征性的结构。

高尔基复合体是一个具有极性的细胞器，结构上分为三部分：① 顺面高尔基网 (cis Golgi network, CGN)，靠近内质网，负责对从 ER 转运来的蛋白质进行鉴别，决定哪些需要退回，哪些可以进入下一站。② 中间高尔基网 (medial Golgi network, MGN) 由扁平囊和管道组成，形成不同的区室，参与多数糖基修饰、糖脂的形成以及与高尔基复合体有关的多糖的合成。③ 反面高尔基网 (trans Golgi network, TGN)，是高尔基复合体最后的区室，参与蛋白质的分类、包装、运输。

2) 高尔基复合体的功能

高尔基复合体对蛋白质的加工：① O-连接的糖基化 (O-linked glycosylation)。② N-连接糖基化的修饰。蛋白质的 N-连接糖基化发生在内质网腔中，但对糖基的修饰则是在高尔基复合体中完成的。③ 溶酶体酶的磷酸化，即溶酶体酶被运输到高尔基复合体后，在顺面高尔基网其酶蛋白上的甘露糖被磷酸化，形成甘露糖-6-磷酸。④分泌性蛋白质部分多肽链的水解。

高尔基复合体对蛋白质的分选。不同部位的蛋白质在反面高尔基网由于分选信号和受体之间的相互作用被分选包装到不同的小泡，再输送到细胞的不同部位。

3. 溶酶体

1）溶酶体的形态结构

溶酶体是单层膜构成的囊状小体，普遍存在于动物细胞，含有多种酸性水解酶。溶酶体是一种异质性（heterogeneous）的细胞器，不同来源的溶酶体形态、大小甚至所含有酶的种类都有很大的不同。

2）溶酶体膜的特性

（1）溶酶体膜中嵌有 H^+-ATPase，后者可将 H^+ 泵入溶酶体内，维持溶酶体内部的酸性环境（pH 为 4.6～4.8）。

（2）溶酶体膜含有各种高度糖基化的膜整合蛋白，保护溶酶体膜免遭溶酶体酶的降解。

（3）溶酶体膜上存在特殊的转运蛋白，能将溶酶体消化水解的产物运出溶酶体。

（4）溶酶体膜含有较高的胆固醇，促进了膜结构的稳定。

3）溶酶体的形成

溶酶体的形成与内质网、高尔基复合体和内吞体等细胞器有关。

甘露糖-6-磷酸途径（mannose-6-phosphate sorting pathway）：① 溶酶体酶在内质网上合成。② 跨膜进入内质网的腔，进行 N-连接的糖基化修饰。③ 在顺面高尔基网，寡糖上的甘露糖残基磷酸化形成甘露糖-6-磷酸。④ 甘露糖-6-磷酸标记在反面高尔基复合体网与膜受体结合形成溶酶体分泌小泡，该小泡随后与内吞体结合形成较大的内吞体。⑤ 通过内吞体上的 H^+-质子泵调节 pH，使溶酶体酶同受体脱离，受体再循环，溶酶体酶脱磷酸后成为成熟的初级溶酶体。

溶酶体蛋白的其他分选途径

4）溶酶体的类型

（1）初级溶酶体（primary lysosome）：这是从反面高尔基网形成的小囊泡，仅含有酸性水解酶类，无作用底物。

（2）次级溶酶体（secondary lysosome）：次级溶酶体中含有水解酶和相应的底物。根据所消化的物质来源不同，次级溶酶体分为自噬性溶酶体和异噬性溶酶体。

（3）终末溶酶体：次级溶酶体达到末期阶段，水解酶活性下降，致使一些底物不能被完全分解而残留在溶酶体内，这种含有残留底物的溶酶体又称残体。

5）溶酶体的功能

消化营养作用：① 异体吞噬，这是指细胞外的颗粒或可溶性大分子物质经胞吞作用进入细胞内，所形成的异噬体与溶酶体互相融合，从而异噬体内的内含物被溶酶体酶消化分解的过程。水解后的小分子物质可扩散到细胞质中，供细胞利用。② 自体吞噬,这是指溶酶体对细胞内因生理或病理原因而被破坏损伤或衰老的细胞器进行消化处理的过程。

防御作用:参与免疫过程;参与脏器的形成发生;参与受精过程;参与激素的合成、分泌与降解。

6) 溶酶体与医学

(1) 溶酶体与休克。休克的严重程度与溶酶体酶的释放量成正比:①休克时细胞内渗透压降低,溶酶体膜通透性增高,溶酶释放。②休克时细胞内 pH 降至 5 左右,促使溶酶活化,水解溶酶体膜,溶酶释放。

(2) 溶酶体与矽肺。肺吸入空气中的硅(SiO_2),被肺吞噬细胞吞噬后,形成硅酸破坏溶酶体膜稳定性,释放出溶酶,导致细胞自溶;所释放的硅颗粒又被其他巨噬细胞吞噬,这个过程反复进行,导致大量巨噬细胞死亡从而释放出巨噬细胞纤维化因子,结果刺激成纤维细胞产生胶原纤维结节,造成肺组织的弹性降低,肺受到损伤,呼吸功能下降。

(3) 先天性溶酶体病。这是指遗传因素导致溶酶体内缺乏某种水解酶,致使相应底物不能被消化而蓄积在溶酶体内所致的代谢障碍性疾病。

4. 过氧化物酶体

(1) 过氧化物酶体(peroxisome)又称为微体(microbody)。过氧化物酶体含有丰富的酶类,主要是氧化酶、过氧化氢酶和过氧化物酶。过氧化物酶体是一种异质性细胞器。

(2) 过氧化物酶体的功能:①调节氧浓度。过氧化物酶体的氧化率是随氧张力增强而成正比地提高,使细胞免受高浓度氧的毒性作用。② 解毒作用。过氧化氢酶利用过氧化氢氧化各种底物,如酚、甲酸、甲醛和乙醇等,使这些有毒物质变成无毒物质。③ 其他作用。如脂肪酸的氧化,含氮物质的代谢。

5. 内膜系统与细胞内的房室化

(1) 细胞内的房室化:内膜系统在细胞内形成了一系列相互分隔的膜性室,将独特的酶限定在细胞内的特定区域,减少了细胞内各种生化反应的相互干扰。内膜系统的这种分隔作用又称为细胞内的区域化(compartmentilization)。

(2) 蛋白质的分选(protein sorting):绝大多数蛋白质是由细胞质中的核糖体合成,合成后被运送到细胞的各个部位的。细胞通过识别蛋白质的分选信号进行运送,这就是蛋白质的分选。

蛋白质的分选信号:这是蛋白质分子上一段特殊氨基酸序列,通常为 15~60 个氨基酸长度,定位于不同细胞器的蛋白质具有不同的信号序列,主要分为三种类型,即核定位信号、导肽和信号肽。

(3) 蛋白质的运输方式:① 门孔运输(transport through nuclear pore) 门孔运输定位于核内的蛋白质。胞质中合成的核内蛋白质穿过核孔进入细胞核,被运输的蛋白有核定位信号。② 跨膜运输(across membrane transport) 跨膜运输定位于内质网、线粒体和过氧化物酶体等的蛋白质,后者在胞质中合成后借助蛋白质传导通道帮助，进入到内质网、线粒体和过氧化物酶体等，被运输的蛋白质有信号肽或导肽。
③ 囊泡运输（vesicle transport）定位于高尔基复合体、溶酶体、分泌泡、细胞质膜、细胞外等的蛋白质则是由运输小泡介导。

6. 内膜系统和膜流

（1）膜流（membrane flow）。膜流指细胞的膜成分在质膜和内膜系统之间，以及在内膜系统各结构之间相互转移的现象。

（2）结构性分泌途径（constitutive secretory pathway）。结构性分泌途径存在于所有类型细胞中，不需要任何信号触发的细胞分泌。在结构性分泌途径中，运输小泡持续地从内质网经高尔基复合体到细胞表面，并立即进行膜的融合，将分泌小泡中的蛋白质释放到细胞外。

（3）调节性分泌途径（regulated secretory pathway）。调节性分泌途径又称诱导性分泌，见于某些特殊细胞如内分泌细胞。在这些细胞中，调节性分泌小泡成群地聚集在质膜下，在外部信号的触发下和质膜融合，分泌内容物，如激素、黏液和消化酶的分泌。

【练习题】

（一）A 型题

1. 下面哪种细胞器不属于细胞内膜系统？（　　）
   A. 溶酶体　　　B. 内质网　　　C. 高尔基复合体
   D. 线粒体　　　E. 核膜

2. 下列哪种蛋白在糙面内质网上合成？（　　）
   A. actin　　　　B. DNA 聚合酶　C. ATPase
   D. 胰蛋白酶　　E. 组蛋白

3. 细胞内能进行蛋白质修饰和分选的细胞器有（　　）。
   A. 线粒体　　　B. 核糖体　　　C. 溶酶体
   D. 高尔基复合体　E. 过氧化物酶体

4. 溶酶体的 H^+ 浓度比细胞质中高（　　）。
   A. 5 倍　　　　B. 10 倍　　　　C. 50 倍
   D. 100 倍以上　E. 500 倍

5. 膜蛋白高度糖基化的是（　　）。
   A. 内质网膜　　B. 质膜　　　　C. 高尔基复合体膜
   D. 溶酶体膜　　E. 过氧化物酶体

6. 所有膜蛋白都具有方向性，其方向性在什么部位中确定？（　　）
   A. 细胞质基质　B. 高尔基复合体　C. 糙面内质网
   D. 质膜　　　　E. 线粒体

7. 分泌蛋白信号肽的切除发生在（　　）。

A. 高尔基复合体 B. 过氧化物酶体 C. 线粒体
D. 糙面内质网   E. 溶酶体

8. 指导蛋白质到内质网上合成的氨基酸序列被称为（   ）。
   A. 导肽   B. 信号肽   C. 转运肽
   D. 新生肽   E. 活性肽

9. 被称为细胞内大分子运输交通枢纽的细胞器是（   ）。
   A. 内质网   B. 高尔基复合体 C. 中心体
   D. 溶酶体   E. 线粒体

10. 细胞核被膜常常与胞质中的哪个细胞器相连通？（   ）
    A. 光面内质网 B. 高尔基复合体 C. 糙面内质网
    D. 溶酶体   E. 线粒体

11. 真核细胞中，酸性水解酶多存在于（   ）。
    A. 内质网   B. 高尔基复合体 C. 中心体
    D. 溶酶体   E. 线粒体

12. 真核细胞中合成脂类分子的场所主要是（   ）。
    A. 内质网   B. 高尔基复合体 C. 核糖体
    D. 溶酶体   E. 过氧化物酶体

13. 寡糖链的 N-连接是接在蛋白质的下列哪种氨基酸残基上？（   ）
    A. 天冬酰胺   B. 天冬氨酸   C. 丝氨酸
    D. 苏氨酸   E. 赖氨酸

14. 肝细胞的解毒作用主要是通过（   ）的氧化酶系进行的。
    A. 线粒体   B. 溶酶体   C. 细胞质膜
    D. 光面内质网 E. 高尔基复合体

15. 糙面内质网与核糖体的哪一个亚基连接？（   ）
    A. 60S   B. 40S   C. 50S
    D. 30S   E. 70S

16. 蛋白质的 N-连接糖基化主要发生在（   ）。
    A. 溶酶体   B. 光面内质网   C. 糙面内质网
    D. 高尔基复合体 E. 线粒体

17. 蛋白质的 O-连接糖基化主要发生在（   ）。
    A. 溶酶体   B. 光面内质网   C. 糙面内质网
    D. 高尔基复合体 E. 线粒体

18. 肌肉细胞中的肌质网实质是（   ）。
    A. 线粒体   B. 光面内质网   C. 糙面内质网
    D. 高尔基复合体 E. 溶酶体

19. 溶酶体酶的分选信号是（   ）。
    A. 半乳糖   B. 唾液酸   C. 葡萄糖

D. 甘露糖-6-磷酸　E. 葡萄糖-6-磷酸

20. 脂褐素属于（　　）。
A. 初级溶酶体　　B. 异噬性溶酶体　C. 自噬性溶酶体
D. 终末溶酶体　　E. 内吞体

21. 能调节细胞氧张力的细胞器是（　　）。
A. 线粒体　　　　B. 过氧化物酶体　C. 糙面内质网
D. 高尔基复合体　E. 溶酶体

22. 驻留在内质网中的蛋白质其羧基端的分选信号是（　　）。
A. M-6-P　　　　B. KDEL　　　　C. NIS
D. NES　　　　　E. LDL

23. 下列哪一种细胞内没有高尔基复合体？（　　）
A. 淋巴细胞　　B. 肝细胞　　　C. 癌细胞
D. 胚胎细胞　　E. 肌肉细胞

24. 高尔基复合体的小囊泡来自于（　　）。
A. 糙面内质网　B. 光面内质网　C. 溶酶体
D. 扁平囊　　　E. 高尔基复合体

25. 初级溶酶体来源于（　　）。
A. 线粒体与高尔基复合体　　　B. 糙面内质网与高尔基复合体
C. 糙面内质网与光面内质网　　D. 核膜与内质网
E. 线粒体与核膜

26. 在细胞的分泌活动中，分泌物质的合成、加工、运输过程的顺序为（　　）。
A. 糙面内质网→高尔基复合体→细胞外
B. 细胞核→糙面内质网→高尔基复合体→分泌泡→细胞膜→细胞外
C. 糙面内质网→高尔基复合体→分泌泡→细胞膜→细胞外
D. 高尔基复合体小囊泡→扁平囊→大囊泡→分泌泡→细胞膜→细胞外
E. 糙面内质网→高尔基复合体→细胞膜→分泌泡→细胞外

27. 在发生上，过氧化物酶体与哪种结构最为类似？（　　）
A. 溶酶体　　B. 高尔基复合体　C. 线粒体
D. 内质网　　E. 核仁

28. 老年斑的形成与哪种结构直接有关？（　　）
A. 溶酶体　　B. 高尔基复合体　C. 线粒体
D. SER　　　E. 核仁

29. 高尔基复合体中最具特征性的结构是（　　）。
A. 大囊泡　　　B. 小囊泡　　　C. 扁平囊
D. 运输小泡　　E. 分泌泡

(二) B 型题

1. A. DNA 聚合酶　　B. 酸性磷酸酶　　　C. 三羧酸循环酶系
以上蛋白质在细胞内的运输方式是
① 跨膜运输（　　）。
② 门控运输（　　）。
③ 囊泡运输（　　）。

2. A. 糖基转移酶　　B. 酸性磷酸酶　　　C. 过氧化氢酶
① 高尔基复合体的标志性酶是（　　）。
② 过氧化物酶体的标志性酶是（　　）。
③ 溶酶体的标志性酶是（　　）。

3. A. 高尔基复合体　B. 溶酶体　　　　　C. 线粒体
① 细胞内的交通枢纽是（　　）。
② 动物细胞内的清道夫是（　　）。
③ 细胞内的动力工厂是（　　）。

4. A. COP-Ⅱ　　　　B. COP-Ⅰ　　　　　C. 网格蛋白
① 主要介导高尔基复合体到内质网运输的是（　　）。
② 主要介导内质网到高尔基复合体运输的是（　　）。
③ 介导高尔基复合体到溶酶体运输的是（　　）。

5. A. C 端 KDEL　　B. 跨膜螺旋信号　　C. 甘露糖-6-磷酸
　 D. C 端三肽信号　E. NLS
带有以上分选信号的蛋白将被运送到
① 高尔基复合体（　　）。
② 内质网（　　）。
③ 溶酶体（　　）。
④ 细胞核（　　）。
⑤ 过氧化物酶体（　　）。

(三) X 型题

1. 在内质网上合成的蛋白质主要有（　　）。
   A. 驻留在内质网中的蛋白　　　B. 膜蛋白
   C. 分泌性蛋白　　　　　　　　D. 需要进行复杂修饰的蛋白
   E. 线粒体中的蛋白质

2. 哺乳动物细胞中合成分泌蛋白分子所需要的主要组分为（　　）。
   A. 线粒体　　B. 溶酶体　　C. 高尔基复合体
   D. 内质网　　E. 包被小泡

3. 在溶酶体中可被酶水解的大分子有（　　）。

A. 核糖核酸　　B. 蛋白质　　　C. 脱氧核糖核酸
D. 磷脂　　　　E. 碳水化合物

4. 真核细胞中被称为异质性细胞器的有（　　）。
A. 溶酶体　　　B. 核糖体　　　C. 内质网
D. 过氧化物酶体　E. 高尔基复合体

5. 用电子显微镜观察细胞时，观察不到微粒体，其原因是（　　）。
A. 微粒体太小，无法用电子显微镜观察
B. 它是匀浆和离心后的人造产物
C. 电子能够完全穿透它们
D. 只有通过显微摄影才能看到
E. 它不存在于细胞内

6. 细胞内具有解毒作用的细胞器有（　　）。
A. 线粒体　　　B. 溶酶体　　　C. 高尔基复合体
D. 光面内质网　E. 过氧化物酶体

7. 光面内质网的功能包括（　　）。
A. 合成外输性蛋白　　　B. 合成大多数脂质
C. 解毒作用　D. 参与糖原代谢　E. 调节 Ca^{2+} 浓度

8. 在 O-连接的糖基化中寡糖链可与哪些氨基酸形成糖苷键？（　　）
A. 天冬氨酸　　B. 丝氨酸　　　C. 苏氨酸
D. 羟赖氨酸　　E. 羟脯氨酸

9. 光面内质网上合成的脂质以什么方式运输？（　　）
A．出芽形成小泡 B. 门控运输　　C. 跨膜运输
D. 磷脂转运蛋白介导　　　　　E. 自由扩散

10. 内质网中的分子伴侣可以（　　）。
A. 参与蛋白质多肽链的正确折叠组装
B. 参与蛋白质糖基化修饰
C. 参与蛋白质的转运
D. 参与蛋白质的降解
E. 参与蛋白质终产物的形成

（四）问答题

1. 请说明内膜系统的形成对于细胞的生命活动具有哪些重要意义？
2. 为什么说高尔基复合体是一种极性细胞器？
3. 简述溶酶体膜对其内含的酸性水解酶的抗性机制。
4. 如果溶酶体膜破裂会使细胞裂解吗？
5. 矽肺（silicosis）形成与溶酶体的关系如何？
6. 溶酶体的酶是如何经 M-6-P 分选途径进行分选的？

7. 分泌性蛋白质是怎样形成的？

8. 简述过氧化物酶体与线粒体利用氧进行代谢的不同意义。

【参考答案】

(一) A型题

1. D	2. D	3. D	4. D	5. D	6. C	7. D
8. B	9. B	10. C	11. D	12. A	13. A	14. D
15. A	16. C	17. D	18. B	19. D	20. D	21. B
22. B	23. E	24. A	25. B	26. C	27. C	28. A
29. C						

(二) B型题

1. ①C ②A ③B
2. ①A ②C ③B
3. ①A ②B ③C
4. ①B ②A ③C
5. ①B ②A ③C ④E ⑤D

(三) X型题

1. ABCD 2. CDE 3. ABCDE 4. AD 5. BE 6. DE 7. BCDE
8. BCDE 9. AD 10. ACD

(四) 问答题

1. ① 内膜系统的形成扩大了膜的表面积。在细胞内形成了一些具有不同的酶系统、pH和离子浓度的区室，各区室具有自己特定的功能。区室的形成，相对提高了重要分子的浓度，提高了反应效率，并使这些酶反应互不干扰。② 内膜系统通过小泡的方式完成膜的流动和特定功能蛋白的定向运输，保证了内膜系统各细胞器膜结构的更新，保证了酶类在运输过程中的安全，并准确地到达靶部位。

2. 高尔基复合体的极性有两层含义：一是结构上的极性，二是功能上的极性。

结构上的极性：高尔基复合体可分为三个具有不同的形态结构的区室：① 靠近内质网一侧的是CGN，由一些小囊泡、管状囊泡组成。② MGN由多个扁平囊组成，形成不同的区室。③ TGN是高尔基复合体最外面一侧，由管状和大囊泡状结构组成，是最后的区室。

功能上的极性：高尔基复合体的上述三部分结构功能各不相同，执行功能时具有顺序性：① CGM是初级分选站，负责对从ER转运来的蛋白质进行鉴别，决定哪些需要退回，哪些可以进入下一站。② MGN负责多数糖基修饰、糖脂的形成以及与高尔基复合体有关的多糖的合成。③ TGN 参与蛋白质的分选、浓缩与包装，并输出高尔基复合体。因此，高尔基复合体是一种极性细胞器。

3. ① 溶酶体膜中嵌有质子运输泵（H^+-ATPase），后者将 H^+ 泵入溶酶体内，维持溶酶体内部的酸性环境（pH 为 4.6～4.8）。② 溶酶体膜含有各种不同酸性的、高度糖基化膜整合蛋白，可保护溶酶体的膜免遭溶酶的攻击，有利于防止自身膜蛋白的降解。③ 溶酶体膜含有较高的胆固醇，促进了膜结构的稳定。

4. 如果是少量的溶酶泄漏到细胞质中，并不会引起细胞损伤，其主要原因是细胞质中的 pH 为 7.0 左右，溶酶基本没有活性。但是，如果溶酶体大量破裂，对细胞就有危害。

5. 空气中的硅（SiO_2）被吸入肺后，被肺部的吞噬细胞所吞噬，由于吞入的二氧化硅颗粒不能被消化，并在颗粒的表面形成硅酸。硅酸的羧基和溶酶体膜的受体分子形成氢键，使膜破坏，释放出水解酶，导致细胞死亡，所释放的硅颗粒又被其他巨噬细胞吞噬，这个过程反复进行，导致大量巨噬细胞死亡从而释放出巨噬细胞纤维化因子，结果刺激成纤维细胞产生胶原纤维结节，造成肺组织的弹性降低，肺受到损伤，呼吸功能下降。

6. 甘露糖-6-磷酸途径（mannose-6-phosphate sorting pathway）：① 溶酶体酶在内质网上合成。② 跨膜进入内质网的腔，进行 N-连接的糖基化修饰。③ 在顺面高尔基网，寡糖上的甘露糖残基磷酸化形成甘露糖-6-磷酸。④ 甘露糖-6-磷酸标记在反面高尔基复合体网与膜受体结合形成溶酶体分泌小泡，该小泡随后与内吞体结合形成较大的内吞体。⑤ 通过内吞体上的 H^+-质子泵调节 pH，使溶酶体酶同受体脱离，受体再循环，溶酶体酶脱磷酸后成为成熟的初级溶酶体。

7. 分泌性蛋白分泌途径：① 核糖体合成的蛋白质与糙面内质网外表面的结合，并在 ER 腔中糖基化；② 从内质网形成的小泡携带新合成并经糖基化的蛋白到达高尔基复合体；③ 蛋白质经顺面高尔基网→中间高尔基网→反面高尔基网进一步加工、分选和浓缩并经出芽形成分泌小泡；④ 分泌小泡移向质膜，通过结构性或调节性分泌途径，将小泡中的分泌性蛋白释放。

8. ① 在过氧化物酶体中氧化产生的能量以产热的方式消耗掉，而在线粒体中氧化产生的能量储存在 ATP 中。② 线粒体与过氧化物酶体对氧的敏感性是不一样的，线粒体氧化所需的最佳氧浓度为 2% 左右，增加氧浓度，并不提高线粒体的氧化能力。过氧化物酶体的氧化能力随氧张力增强而提高。③ 在低浓度氧的条件下，线粒体利用氧的能力比过氧化物酶体强，但在高浓度氧的情况下，过氧化物酶体的氧化反应占主导地位，这种特性使过氧化物酶体具有使细胞免受高浓度氧的毒性作用。

（遵义医学院　罗素元）

第十三章 线 粒 体

【教学要求】

(一) 掌握

(1) 线粒体的亚微结构。
(2) 线粒体的功能。
(3) 线粒体的半自主性。

(二) 熟悉

(1) 线粒体的化学组成。
(2) ATP 合成酶复合物。
(3) 蛋白质跨膜运送进入线粒体

(三) 了解

(1) 线粒体的起源。
(2) 线粒体与医学的关系。

【知识要点】

(一) 基本概念

(1) 线粒体（mitochondrion） 线粒体存在于一切需氧的真核细胞中，光镜下呈线状、粒状或杆状，电镜下由两层单位膜包被形成的囊中囊结构。线粒体是细胞内氧化磷酸化和形成 ATP 的场所，有细胞"动力工厂"之称。

(2) 嵴（cristae） 嵴为线粒体内膜向基质折褶形成的结构，嵴的形成增加了内膜的表面积。嵴的数目、形态和排列在不同种类的细胞中差别很大，嵴上有许多基粒即 ATP 合成酶。

(3) 前导序列（leading peptide） 前导序列为线粒体蛋白质前体 N 端的一段特殊的氨基酸序列，20～80 个氨基酸残基长，在细胞质游离核糖体上合成后牵引线粒体蛋白质前体跨线粒体膜转运。

(4) 细胞氧化（cell oxidation） 细胞氧化又称细胞呼吸，指细胞将机体摄入的营养物质（含有大量的化学能）氧化分解，生成 CO_2 和 H_2O，并释放出能量的分解代谢过程。

(5) 呼吸链（respiratory chain） 呼吸链又称电子传递链，指一系列可逆地接受及释放电子或质子的脂蛋白复合体,它们存在于线粒体内膜,形成相互关联、有序排列的功能结构体系,并偶联线粒体的氧化磷酸化反应。

(6) 线粒体 DNA(mt DNA) 线粒体 DNA 为双链环状分子,每个线粒体有多个 DNA 拷贝。人类 mtDNA 没有内含子,含两种线粒体 rRNA 基因、22 种线粒体 tRNA 基因和 13 种编码线粒体蛋白质的基因。

(7) 氧化磷酸化(oxidative phosphorylation) 氧化磷酸化指在活细胞中伴随着呼吸链的氧化作用所发生的能量转换和 ATP 的形成过程。

(8) 半自主性细胞器(semiautomous organelle) 线粒体除具有 mtDNA 外,还有蛋白质合成系统(mRNA、rRNA、tRNA)和线粒体核糖体等,这是其自主性的一面。但线粒体基因只编码少数几种线粒体蛋白质,大多数线粒体蛋白质由细胞核基因编码,这是非自主性的一面。线粒体的自我繁殖和功能活动受自身和细胞核基因组两套遗传系统共同控制,所以称之为半自主性细胞器。

(9) 内共生学说(endosymbiont hypothesis) 这是关于线粒体起源的一种学说。该学说认为线粒体来源于细菌,即细菌被真核生物吞噬后,在长期的共生过程中,通过演变,形成了线粒体。

(二) 主要内容

1. 线粒体的形态结构

1) 光镜下线粒体的形态结构

线粒体的形态、大小、数量及分布如下所述。

形状:一般呈线状、粒状或杆状。

大小:差异较大。

数量:几十个到几千个不等,不同类型的细胞中线粒体数目相差很大,同一类型的细胞中数目相对稳定。

分布:一般聚集在细胞功能旺盛,需要能量供应的区域。

2) 线粒体的亚微结构

线粒体由内、外两层彼此平行的单位膜包围而成,主要由以下四部分构成。

外膜(outer membrane) 外膜是最外层的全封闭的单位膜结构,是线粒体的界膜,平整光滑,含有孔蛋白,通透性高。

内膜(inner membrane) 内膜位于外膜的内侧,包裹线粒体基质,通透性较低。内膜通常向基质折褶形成嵴(cristae),其上有 ATP 合成酶(ATP synthase)。内膜是线粒体进行电子传递和氧化磷酸化的主要部位。

外室(out chamber) 外室又称膜间腔(intermembrane space),是内膜和外膜之间的间隙,内含许多可溶性酶、底物和辅助因子。

内室(inner chamber) 内室是内膜包围的线粒体内部空间,含有线粒体 mtD-NA 及细胞氧化代谢必需的酶和蛋白质等。

2. 线粒体的化学组成

1) 线粒体的一般化学成分

线粒体的化学组分主要是蛋白质、脂类、水分等。

2) 线粒体中酶的定位

线粒体各部位的特征性酶称为标志酶。例如，外膜的单胺氧化酶，内膜的细胞色素氧化酶，膜间隙中的腺苷酸激酶，基质中苹果酸脱氢酶等。

3. 线粒体的功能

线粒体的功能是氧化磷酸化，合成 ATP，通过对营养物质（糖，脂肪，氨基酸等）氧化（放能）与 ATP 磷酸化（储能）的偶联反应完成能量转换，以 ATP 形式提供细胞生命活动所需能量。

1) 细胞氧化及基本过程

细胞氧化又称细胞呼吸，指细胞将机体摄入的营养物质（含有大量的化学能）氧化分解，生成 CO_2、H_2O 并释放出能量的分解代谢过程。

基本过程：

（1）糖酵解；

（2）乙酰 CoA 生成；

（3）三羧酸循环：线粒体基质中含有三羧酸循环酶系；

（4）电子传递和偶联的氧化磷酸化。

在线粒体中发生的过程主要包括：①三羧酸循环；②电子传递链偶联的氧化磷酸化（oxidative phosphorylation）：这是指在活细胞中伴随着呼吸链的氧化作用所发生的能量转换和 ATP 的形成过程。

2) 氧化磷酸化的分子基础是呼吸链

3) 电子传递偶联的氧化磷酸化

一方面 NADH 和 FADH2 把它们从氧化过程中 3 个阶段捕获的电子经呼吸链逐次传递，最终转移到氧生成水；另一方面质子泵 ATP 合成酶将呼吸链传递过程中释放的能量用以 ADP 的磷酸化作用。

4) 氧化磷酸化的偶联机制

化学渗透假说如下所述：

（1）化学渗透假说的主要论点：当 NADH 和 $FADH_2$ 携带有高能电子的原子沿内膜中的呼吸链传递时，在能级逐渐下降的过程中释放出能量，所释放的能量将基质中的 H^+ 泵到膜间腔，在内膜的两侧形成了电化学质子梯度，外室高浓度 H^+ 穿过 ATP 合成酶回流到基质，驱动 ATP 合成酶催化合成 ATP。

（2）化学渗透假说的特点：强调线粒体膜完整性与功能性的统一；强调线粒体内膜定向的化学反应。

5) 线粒体质子泵 ATP 合成酶

（1）线粒体质子泵 ATP 合成酶的形态结构：头部、柄和基片；

（2）线粒体质子泵 ATP 合成酶的分子结构；

（3）线粒体质子泵 ATP 合成酶的工作机制：目前认为"结合变化机制"假说和"旋转催化模型"能较好地解释 ATP 合成酶催化合成 ATP 的分子机理；

4. 线粒体的半自主性

线粒体是一种半自主性的细胞器，它除具有 mtDNA 外，还有蛋白质合成系统（mRNA、rRNA、tRNA）和线粒体核糖体等，这是其自主性的一面；但线粒体基因只编码少数几种线粒体蛋白质，大多数线粒体蛋白质由细胞核基因编码，这是非自主性的一面。线粒体的自我繁殖和功能活动受自身和细胞核基因组两套遗传系统共同控制，因此线粒体是一个半自主性的细胞器。

5. 线粒体的生物发生

1）线粒体的增殖

线粒体通过分裂进行增殖。

2）线粒体的起源

线粒体的起源有两种假说：内共生学说和非内共生学说。

（1）内共生学说（endosymbiont hypothesis）：该学说认为线粒体来源于细菌。

（2）非内共生学说：该学说认为线粒体的发生是质膜内陷的结果。

6. 线粒体与医学

（1）mtDNA 与疾病。

（2）线粒体与疾病诊断。

（3）线粒体某些组分的治疗作用。

【练习题】

（一）A 型题

1. 在一般情况下，可在普通光学显微镜下见到的结构是（   ）。
   A. 微体   B. 基粒   C. 溶酶体
   D. 线粒体   E. 内质网

2. 下列细胞中含线粒体最多的是（   ）。
   A. 上皮细胞   B. 心肌细胞   C. 成熟红细胞
   D. 成纤维细胞   E. 淋巴细胞

3. 细胞内线粒体在氧化磷酸化过程中生成（   ）。
   A. GTP   B. cAMP   C. ATP
   D. ADP   E. cGMP

4. 线粒体中三羧酸循环反应进行的场所是（   ）。
   A. 基质   B. 内膜   C. 基粒
   D. 膜间腔   E. 外膜

5. 线粒体内膜脂质的显著特点是（   ）。
   A. 含有较多的心磷脂和较少的胆固醇   B. 含有较多的卵磷脂和较少的胆固醇

C. 含有较少的心磷脂和较多的胆固醇 D. 含有较少的卵磷脂和较多的胆固醇

E. 以上都不是

6. 细胞消耗游离氧的代谢发生在（   ）。

A. 线粒体　　　　B. 染色体　　　　C. 溶酶体

D. 中心体　　　　E. 高尔基复合体

7. 对线粒体分布数量的下列叙述中，哪一项是不确切的？（   ）

A. 普遍存在于真核和原核细胞的细胞质中

B. 动物细胞比绿色植物细胞的线粒体数量多

C. 生长和代谢活动旺盛的细胞线粒体数量多

D. 在细胞内需能部位线粒体比较集中

E. 以上都不是

8. 呼吸链的主要成分分布在（   ）。

A. 细胞膜上　　B. 线粒体外膜上　C. 线粒体内膜上

D. 线粒体基质中　E. 以上都不是

9. 葡萄糖分解的三个阶段的顺序是（   ）。

A. 糖酵解→丙酮酸脱氢→三羧酸循环→电子传递和氧化磷酸化

B. 糖酵解→电子传递和氧化磷酸化→丙酮酸脱氢，三羧酸循环

C. 丙酮酸脱氢→三羧酸循环→糖酵解→电子传递和氧化磷酸化

D. 丙酮酸脱氢→三羧酸循环→电子传递和氧化磷酸化→糖酵解

E. 以上都不是

10. 人体活动主要的直接供能物质是（   ）。

A. 葡萄糖　　　　B. 脂肪酸　　　　C. 磷酸

D. GTP　　　　　E. ATP

11. 细胞生命活动所需能量主要来自（   ）。

A. 中心体　　　　B. 线粒体　　　　C. 内质网

D. 核糖体　　　　E. 溶酶体

12. 关于线粒体的结构哪一种说法是不正确的？（   ）

A. 由单层膜包围形成的细胞器　　B. 线粒体嵴上有许多基粒

C. 含 DNA 的细胞器　　　　　　D. 线粒体膜上有酶

E. 以上都不是

13. 人和动物体内的 CO_2 形成场所是（   ）。

A. 高尔基复合体　B. 血浆　　　　C. 囊泡

D. 线粒体　　　　E. 溶酶体

14. 下列哪项不符合线粒体 DNA 复制的事实？（   ）

A. 双向复制　　　　　　　　B. 复制需消耗能量

C. 不对称复制　　　　　　　D. 半保留复制

E. 复制发生在 S 期到 G_2 期

15. 真核细胞的核膜外 DNA 存在于（　　）。
A. 核膜　　　　B. 线粒体　　　　C. 内质网
D. 核糖体　　　E. 过氧物酶体

16. 基粒又称为（　　）。
A. 微粒体　　　B. 糖原颗粒　　　C. 中心粒
D. ATP 酶复合体　E. 以上都不是

17. 细胞内蛋白质进入线粒体的穿膜运输信号是（　　）。
A. 前导序列　　B. cAMP　　　　C. 信号识别颗粒（SRP）
D. cGMP　　　　E. 以上都不是

18. mtDNA 中含有（　　）。
A. 37 个基因　　B. 大量调控序列　C. 内含子
D. 终止子　　　E. 高度重复序列

19. 鼠肝细胞线粒体蛋白含量最高的部位是（　　）。
A. 线粒体外膜　B. 膜间腔　　　　C. 内膜
D. 基质腔　　　E. 以上都不是

20. 糖酵解发生于（　　）。
A. 线粒体基质　B. 线粒体外膜　　C. 线粒体内膜
D. 细胞质基质　E. 线粒体基粒

21. 哪一条不是细胞内物质氧化的特点？（　　）
A. 在常温常压下进行，既不冒烟也不发火
B. 氧化产生的能量主要以热能的形式传给细胞
C. 不同的代谢过程需要不同的酶催化
D. 氧化产生的 CO_2 主要来自有机酸脱羧
E. 氧化放能是分步、小量、逐渐地进行的

22. 线粒体的寿命为 1 周，它通过何种方式增殖？（　　）。
A. 分裂　　　　B. 减数分裂　　　C. 核分裂
D. 由内质网形成的　　　　　　　E. 重新合成

23. 关于线粒体的形态数量大小和分布何种说法是错误的？（　　）
A. 光镜下线粒体的形态可表现为线状、杆状、颗粒状
B. 形态易受环境影响，在低渗环境中呈囊状，在高渗溶液中呈线状
C. 生命活动旺盛时多，疾病、营养不良、代谢水平下降时少
D. 细胞发育早期较小，成熟时较大
E. 线粒体形态、大小、数量不受环境影响

24. 线粒体的功能为（　　）。
A. 利用丙酮酸生成乙酰 CoA　　B. 进行三羧酸循环
C. 进行电子传递，释放能量，形成 ATP
D. B+C　　　　　　　　　　　　E. A+B+C

25. 发现线粒体的学者是（　　）。
   A. Benda   B. Golgi   C. Schuitze
   D. Watson   E. Leeuweenhoek
26. 下列关于化学渗透学说的叙述哪一条是不对的？（　　）
   A. 呼吸链各组分按特定的位置排列在线粒体内膜上
   B. 各递氢体都有质子泵的作用
   C. H^+ 返回膜内时可以推动 ATP 酶合成 ATP
   D. 线粒体内膜外侧 H^+ 不能自由返回膜内
   E. 在外膜的两侧形成了电化学质子梯度
27. 下列细胞不含线粒体的是（　　）。
   A. 上皮细胞   B. 心肌细胞   C. 成熟红细胞
   D. 细菌   E. 成纤维细胞
28. 解释氧化磷酸化的各种学说中，被普遍接受的是（　　）。
   A. 化学偶联假说   B. 化学渗透假说   C. 构象偶联假说
   D. 构象渗透假说   E. 以上都不是
29. 在正常的生理条件下，电子传递与氧化磷酸化是（　　）。
   A. 紧密偶联的   B. 有时偶联的   C. 非偶联的
   D. 从不偶联的   E. 以上都不是
30. 结合变化机制假说中，下列哪种说法是不对的？（　　）
   A. β 催化亚基 O 构象中几乎不与 ATP 结合
   B. β 催化亚基 L 构象中与 ADP 和 Pi 结合松散
   C. T 构象中与 ADP 和 Pi 紧密结合并催化形成 ATP
   D. 质子流的推动 3α3β 复合物相对于转子旋转 360°时，合成 1 分子 ATP
   E. 以上有不是
31. 下列哪种细胞不能进行氧化磷酸化？（　　）
   A. 成熟红细胞   B. 白细胞   C. 肝细胞
   D. 肌细胞   E. 脑细胞

（二）B 型题

1. A. 单胺氧化酶　　　　　　　B. 苹果酸脱氢酶
   C. 腺苷酸激酶　　　　　　　D. 细胞色素氧化酶
   ① 线粒体外膜的标志性酶是（　　）。
   ② 线粒体内膜的标志性酶是（　　）。
   ③ 线粒体膜间腔的标志性酶是（　　）。
   ④ 线粒体基质的标志性酶是（　　）。
2. A. 细胞色素 c 还原酶　　　　B. 琥珀酸- CoQ 还原酶
   C. NADH-CoQ 还原酶　　　　D. CoQ-细胞色素 c 还原酶

① 呼吸链复合物Ⅰ是（   ）。
② 呼吸链复合物Ⅱ是（   ）。
③ 呼吸链复合物Ⅲ是（   ）。
④ 呼吸链复合物Ⅳ是（   ）。

3. A. 乙酰-CoA 的生成　　　　　B. 三羧酸循环
   C. 糖酵解　　　　　　　　　　D. 电子传递偶联的氧化磷酸化

以上反应分别发生在
① 细胞质（   ）。
② 线粒体内膜（   ）。
③ 线粒体基质（   ）。
④ 线粒体内膜（   ）。

4. A. T 态　　　B. L 态　　　C. O 态

ATP 合成的旋转催化模型中，合成一分子的 ATP，F_1 的亚基经历三种不同的构象变化
① 紧密结合态（   ）。
② 松散结合态（   ）。
③ 空置态（   ）。

5. A. 折叠　　　B. 变性　　　C. 解折叠　　　D. 分子伴侣
① 前导序列在蛋白质运送时，先要将被运送的蛋白质（   ）。
② 运送到位后再进行（   ）。
③ 需要（   ）协助。

（三）X 型题

1. 线粒体的特征有（   ）。
   A. 细胞内分解各种物质的场所
   B. 细胞内供能中心
   C. 具双层膜结构
   D. 光镜下呈线状或颗粒状
   E. 合成蛋白质的场所

2. 在光镜下观察线粒体的形态是（   ）。
   A. 棒状　　　B. 线状　　　C. 星形
   D. 颗粒状　　E. 以上形态都有

3. 线粒体是细胞的动力工厂在于（   ）。
   A. 含有 DNA　　　　　　　　B. 含有产能有关的酶
   C. 是产生能量的场所　　　　　D. 是蛋白质合成的场所

4. 细胞的核外 DNA 存在于（   ）。
   A. 线粒体　　　B. 内质网　　　C. 核糖体

D. 高尔基复合体 E. 叶绿体

5. 下列哪种描述线粒体DNA较为确切？（   ）

A. 多为闭合环状DNA

B. mtDNA含线粒体功能所需全部蛋白的遗传信息

C. 遗传密码与细胞核通用密码略有不同

D. 极易发生突变

E. 以上都不确切

6. 线粒体的主要功能是（   ）。

A. 由丙酮酸形成乙酰辅酶A   B. 进行三羧酸循环

C. 进行电子传递，释放能量并形成ATP

D. 脂肪氧化   E. 糖酵解

7. 线粒体有一定的自主性体现在（   ）。

A. 线粒体（mtDNA）能独立复制

B. 线粒体含有核糖体

C. 在遗传上由线粒体基因组和核基因组共同控制

D. mtDNA与核DNA遗传密码有所不同

E. mtDNA在S期到G_2期合成

8. 关于氧化磷酸化的描述错误的是（   ）。

A. 氧化磷酸化是体内产生ATP的主要方式

B. GTP、CTP、UTP也可通过氧化磷酸化直接生成

C. 细胞内ATP浓度升高时，氧化磷酸化减弱

D. 氧化磷酸化与呼吸链无关

E. 氧化磷酸化在细胞质中进行

(四) 问答题

1. 线粒体外膜和内膜的化学组成和功能有何不同？
2. 线粒体的前导序列与信号肽有什么不同？
3. 线粒体蛋白质的转运具有哪些特点？
4. 为什么说线粒体是一个半自主性细胞器？
5. 化学渗透假说的主要内容及其特点是什么？
6. ATP合成酶是怎样工作的？

【参考答案】

(一) A型题

| 1. D | 2. B | 3. C | 4. A | 5. A | 6. A | 7. A |
| 8. C | 9. A | 10. E | 11. B | 12. A | 13. D | 14. D |

15. B	16. D	17. A	18. A	19. C	20. D	21. B
22. A	23. E	24. E	25. A	26. E	27. C	28. B
29. A	30. D	31. A				

(二) B 型题

1. ① A ② D ③ C ④ B
2. ① C ② B ③ D ④ A
3. ① C ② D ③ B ④ A
4. ① A ② B ③ C
5. ① C ② A ③ D

(三) X 型题

| 1. ABCD | 2. ABD | 3. BC | 4. AE | 5. ACD | 6. ABC |
| 7. ABCD | 8. BDE | | | | |

(四) 问答题

1. 线粒体内外膜均为线粒体的形态结构，但它们的化学组成和功能是不同的。外膜位于线粒体最外的一层，含有孔蛋白，对物质通透性高，化学组成中蛋白质和脂类构成相近。外膜的主要功能是形成膜间腔，帮助建立电化学梯度。内膜是位于外膜的内侧包裹线粒体基质的一层单位膜，对物质通透性低，不允许离子和大多数带电的小分子通过。内膜含蛋白质高，结构上常向线粒体基质内折褶形成嵴，嵴上有基粒，即 ATP 合成酶；内膜上还有电子传递链，后者是线粒体进行电子传递和氧化磷酸化的部位。内膜与电子传递和 ATP 合成有关。

2. 细胞内的蛋白质是在核糖体上合成的，在内质网附着核糖体上合成蛋白质的 N 端序列称为信号序列（signal sequence）或称为信号肽（signal peptide）。信号肽主要由疏水性氨基酸组成，可引导蛋白质前体穿越内质网膜，后被信号肽酶切除。在游离核糖体上合成蛋白质的 N 端序列称为前导序列（leading peptide）或称为导肽，主要由碱性氨基酸组成，可引导线粒体蛋白质前体穿越线粒体膜，后被导肽酶切除。

3. 线粒体蛋白质的运送是以后转移的形式转运的。线粒体蛋白质的跨膜转运需要前导序列的引导。前体蛋白在跨膜运送后，需要导肽酶切除前导序列，并经历解折叠和重折叠的成熟过程，这需要能量和分子伴侣的帮助。

4. 线粒体除具有 mtDNA 外，还有蛋白质合成系统（mRNA、rRNA、tRNA）和线粒体核糖体等，这是其自主性的一面；但线粒体基因只编码少数几种线粒体蛋白质，大多数线粒体蛋白质由核基因编码，这是非自主性的一面，线粒体的自我繁殖和功能活动受自身和细胞核基因组两套遗传系统共同控制，因此线粒体是一个半自主性的细胞器。

5. 化学渗透假说的主要内容：来自 NADH 和 FADH2 的高能电子沿内膜中不对

称的呼吸链传递时，所释放的能量将基质中的 H^+ 泵到膜间隙，从而使膜间隙的 H^+ 浓度高于基质，因而在内膜的两侧形成了电化学梯度，外室高浓度 H^+ 通过 ATP 合酶装置进入基质，驱动 ATP 合成酶合成 ATP。

化学渗透假说的特点：①线粒体膜的完整性与功能性的统一；②生理过程和生化反应的定向性。

6. 以"结合变化机制"和"旋转催化模型"解释 ATP 合成酶合成 ATP 的分子机理。该理论认为 ATP 合成酶中 γ 亚基旋转时会引起 αβ 亚基复合物构象的改变，产生三种不同的构象，对 ATP 和 ADP 具有不同的结合能力；①O 型不与 ATP、ADP 和 Pi 结合；②L 型同 ADP 和 Pi 的结合松弛；③T 型与 ADP 和 Pi 的结合很紧，并能自动形成 ATP。γ 亚基旋转并将 αβ 复合物转变成 O 型时会释放 ATP。

【学习方法】

(1) 掌握规律。线粒体学习中扣紧结构与功能相适应这一要点：①外有双层膜，将其与周围细胞分开，使有氧呼吸集中在一定区域内进行；②内膜向内折成嵴，扩大了面积，有利于基粒、酶在其上有规律地排布，使各步反应有条不紊地进行；③内膜围成的腔内有酶，这是氧化反应的场所；④基粒是 ATP 生成的地方。这样较易理解并记住其结构与功能。所有结构都围绕一个功能，就是转换机体所摄入的营养物质成为细胞能源 ATP。

(2) 突破难点。ATP 是如何形成的，对没有生化知识的同学有些抽象，但同学们可以利用"结合变化机制"假说和"旋转催化模型"的各种图片来理解，ATP 合成酶就像一个水电站的发电机。这样将抽象问题形象化。

(3) 归纳总结。在脑子里形成完整的知识结构，便于理解和记忆。

（昆明医学院　何永蜀）

第十四章 核 糖 体

【教学要求】

(一) 掌握

(1) 核糖体的组成结构与存在类型。
(2) 核糖体的功能。
(3) 蛋白质穿越内质网的移位机制。

(二) 熟悉

(1) 核糖体的活性部位。
(2) 真核细胞核糖体与原核细胞核糖体在组成结构上的异同。
(3) 蛋白质的合成过程。

(三) 了解

(1) 核糖体的自组装。
(2) 异常情况下核糖体的变化。

【知识要点】

(一) 基本概念

(1) 核糖体（ribosome） 核糖体是由核糖核酸和蛋白质组成的、颗粒状非膜性细胞器，是蛋白质合成的场所。

(2) 核糖体主要活性部位 ①受位（A 位），接受氨酰基 tRNA 部位；②供位（P 位），结合肽酰 tRNA 部位；③肽酰基转移酶部位，催化氨基酸之间肽键的形成；④GTP 酶部位，水解 GTP，为肽酰 tRNA 由 A 位移位到 P 位供能。

(3) 蛋白质的生物合成 这是指核糖体在细胞内根据 mRNA 上的遗传信息合成相应蛋白质的过程。

(4) 蛋白质移位 这是指胞内合成的部分蛋白质在一系列装置结构和分子的帮助下，跨越内膜系统的疏水屏障到达胞内外作用点的过程。

(5) 多核糖体（polyribosome） 多核糖体是指在蛋白质合成过程中，由多个核糖体与 mRNA 串联而成的复合结构，是合成蛋白质的功能单位。

(6) 结构蛋白质（structural protein） 结构蛋白质又称内源性蛋白质，是指用于细胞本身或参与组成细胞自身结构的蛋白质。

(7) 输出蛋白质（export protein） 输出蛋白质又称分泌蛋白质，是指专门输送到细胞外面以发挥作用的蛋白质。

(8) 信号识别颗粒（signal recognition particle，SRP） 信号识别颗粒指游离在细胞质中，识别新生肽链上信号序列的核蛋白颗粒。

(9) SRP 受体（SRP receptor） SRP 受体也称对接蛋白，是一种识别和结合 SRP 的内质网膜整合蛋白。

(二) 主要内容

1. 核糖体理化性质

(1) 组成结构。由核糖核酸和蛋白质组成，分大、小亚基两部分。

(2) 存在类型。核糖体按其与内质网膜附着与否分游离核糖体和附着核糖体。

(3) 组成。真核细胞核糖体（80S）：

60S（大亚基）— 28S、5.8S、5S rRNA 和 45 种蛋白质

40S（小亚基）—18S rRNA 和 33 种蛋白质

原核细胞核糖体（70S）：

50S（大亚基）— 23S、5S rRNA 和 34 种蛋白质

30S（小亚基）—16S rRNA 和 21 种蛋白质

细胞器核糖体：存在于叶绿体和线粒体中，其理化性质与原核细胞核糖体相似。

2. 核糖体自组装

真核细胞核糖体的大小亚基前体在核仁内形成、进入细胞质后成熟，然后才能组装成完整的核糖体。rRNA 与蛋白质整合和大小亚基的组装都是一种自组装过程。

3. 核糖体的功能

核糖体是细胞合成蛋白质的场所。真核细胞中，游离核糖体合成的蛋白质主要是结构蛋白；附着核糖体合成的蛋白质主要是外输性蛋白。

合成过程主要包括三个阶段：①肽链合成的起始；②肽链的延伸；③肽链合成的终止。

4. 蛋白质穿越内质网的移位机制

移位装置的必需组分：信号识别颗粒（SRP）；SRP 受体；蛋白质移位通道——移位子（translocon）。

过程：①翻译复合体的形成；②SRP 对信号序列的识别；③SRP 与 SRP 受体的识别；④蛋白质通道的形成；⑤蛋白质进入内质网腔。

5. 异常情况下核糖体的变化

异常情况下，多核糖体发生解聚或糙面内质网脱粒，可作为蛋白质合成降低或休止的一个形态指标。

【练习题】

(一) A 型题

1. 真核细胞的核糖体常附着于 (　　)。
   A. 细胞骨架　　B. 内质网　　　　C. 高尔基复合体
   D. 中心体　　　E. 溶酶体
2. 属于非膜相结构的细胞器是 (　　)。
   A. 溶酶体　　　B. 高尔基复合体　C. 线粒体
   D. 内质网　　　E. 核糖体
3. 核糖体大小亚基前体装配的场所是 (　　)。
   A. 细胞质　　　B. 内质网　　　　C. 核纤层
   D. 核仁　　　　E. 以上都不是
4. 真核生物中，在核仁外合成的 rRNA 是 (　　)。
   A. 5.8S rRNA　B. 18S rRNA　　C. 5S rRNA
   D. 5.5S rRNA　E. 28S rRNA
5. 关于信号肽，下列哪种叙述有误？(　　)
   A. 由分泌蛋白 mRNA 分子中的信号密码翻译而来
   B. 由 18～30 个氨基酸组成
   C. 可与信号识别颗粒相互作用而结合
   D. 所含氨基酸均为亲水氨基酸
   E. 只有合成信号肽的核糖体才能与内质网膜结合
6. 原核细胞和真核细胞都具有的细胞器是 (　　)。
   A. 溶酶体　　　　　　　　　　B. 高尔基复合体
   C. 线粒体　　　　　　　　　　D. 内质网
   E. 核糖体
7. 下面哪组蛋白可能缺少信号序列？(　　)
   A. 在巨噬细胞中合成的酸性水解酶
   B. 在肝细胞中合成的糖酵解酶
   C. 在内分泌细胞中合成的多肽激素
   D. 在浆细胞中合成的抗体
   E. 以上都不是
8. 原核细胞中完整核糖体的大小为 (　　)。
   A. 100S　　　　B. 80S　　　　　C. 70S
   D. 120S　　　　E. 55S
9. 组成原核细胞核糖体小亚基的 rRNA 是 (　　)。
   A. 5S rRNA　　　　　　　　　B. 16S rRNA

C. 23S rRNA　　　　　　　　D. 5.8S rRNA

E. 18S rRNA

10. 组成真核细胞核糖体小亚基的 rRNA 是（　　）。

A. 23S rRNA　　　　　　　　B. 16S rRNA

C. 18S rRNA　　　　　　　　D. 5.8S rRNA

E. 28S rRNA

(二) B 型题

A. 游离核糖体　　B. 附着核糖体　　C. 多核糖体

1. 蛋白质合成的功能单位（　　）。
2. 主要合成结构蛋白质（　　）。
3. 主要合成输出蛋白质（　　）。

(三) X 型题

1. 组成原核细胞核糖体大亚基的 rRNA 是（　　）。

A. 5S rRNA　　B. 16S rRNA　　C. 23S rRNA

D. 5.8S rRNA　　E. 28S rRNA

2. 组成真核细胞核糖体大亚基的 rRNA 是（　　）。

A. 5S rRNA　　B. 16S rRNA　　C. 18S rRNA

D. 5.8S rRNA　　E. 28S rRNA

3. 下列由游离核糖体合成的蛋白质是（　　）。

A. 抗体　　　　　　　　　　B. 参与糖酵解的酶

C. 参与三羧酸循环的酶　　　D. 溶酶体酸性水解酶

E. 细胞外基质的蛋白质

(四) 问答题

1. 简述外输性蛋白是如何合成与运输的。
2. 核细胞的核糖体有几种类型？它们合成的蛋白质有何不同？

【参考答案】

(一) A 型题

1. B　2. E　3. D　4. C　5. D　6. E　7. B　8. C　9. B　10. C

(二) B 型题

1. C　　2. A　　3. B

(三) **X 型题**

1. AC　2. ADE　3. BC

(四) 问答题

1. 外输性蛋白质是在糙面内质网上合成的。外输性蛋白质合成的开始是在游离核糖体上进行的，在该类蛋白的氨基端通常存在一段特殊的序列——信号肽。当信号肽合成并伸出核糖体大亚基后，立即被胞质中的信号识别颗粒识别（同时合成暂时停止），并通过内质网膜上存在的信号识别颗粒受体引导核糖体与内质网结合，然后信号识别颗粒及受体解离，信号肽被释放，合成重新开始。信号肽在引导肽链穿越内质网膜后被酶水解。肽链进入内质网腔，进行初步加工。

合成后外输性蛋白质的运输是以囊泡形式从内质网到高尔基复合体到运输小泡进行的。初步加工的蛋白首先以囊泡形式运输到高尔基复合体进一步加工、修饰，然后分选、浓缩形成成熟的分泌小泡，最后通过胞吐形式将外输性蛋白质运输胞外。

2. 真核细胞的核糖体按其与内质网膜附着与否分游离核糖体和附着核糖体两种类型。

游离核糖体主要合成是用于细胞本身或参与组成细胞自身结构的蛋白质，即结构蛋白。而附着核糖体主要合成输出蛋白，即一些专门输送到细胞外面以发挥作用的蛋白质，以及细胞膜蛋白和溶酶体酶。

(遵义医学院　王大忠　李学英)

第十五章 细胞骨架

【教学要求】

(一) 掌握

细胞骨架的概念；微管、微丝、中间纤维的化学组成、结构及组装过程。

(二) 熟悉

微管、微丝、中间纤维的功能。

(三) 了解

微管、微丝、中间纤维间的相互关系；细胞骨架与疾病的关系。

【知识要点】

(一) 基本概念

(1) 细胞骨架 (cytoskeleton)　是真核细胞质中由蛋白质纤维构成的网架体系，主要包括微管、微丝和中间纤维。对于细胞的形状、细胞的运动、细胞内物质的运输、染色体的分离和细胞分裂等起着重要的作用。

(2) 微管 (microtubule, MT)　由微管蛋白原丝组成的不分支的中空管状结构。直径约 25nm，是细胞骨架成分，与细胞支持和运动有关。纺锤体、真核细胞纤毛、中心粒等均系由微管组成的细胞器。

(3) 微管组织中心 (microtubule organizing center, MTOC)　细胞内微管组装的发源区。具有 γ-微管球蛋白，主要包括中心体、纤毛基部和着丝点等部位，它们在微管装配过程中有重要作用。

(4) 微丝 (microfilament, MF)　真核细胞内由肌动蛋白组成的直径为 5～7nm 的具有极性的实心骨架纤维，广泛参与细胞质运动。

(5) 踏车现象 (tread milling)　微管或微丝在一定条件下，其正端有亚基不断地添加的同时，负端有亚基不断地脱落，使纤维在一端延长而在另一端缩短的交替现象。

(6) 中间纤维 (intermediate filament, IF)　存在于真核细胞中直径介于微管和微丝之间，约 10nm 的纤丝。是最稳定的细胞骨架成分，主要起支撑作用。因组成的蛋白质不同而有不同的命名。

(7) 中心粒 (centriole)　动物细胞中位于核附近由 9 组三联体微管围成的成对圆

筒状结构。两颗中心粒在一端相互垂直，在分裂间期位于核的一侧，细胞分裂时逐渐移向两极，与有丝分裂器的组建有关。

（二）主要内容

细胞骨架的研究是当前细胞生物学中最为活跃的研究领域之一，目前已从形态观察为主发展到对分子结构、功能与调节的研究，已取得了许多进展。本章主要介绍三方面内容：①微管的基本结构特点、组装的条件和影响因素、组装过程，微管相关蛋白的主要类型及功能，微管的主要功能。②微丝的主要组分及结构、微丝的结构及组装，微丝结合蛋白及微丝特异性药物，微丝的主要功能。③中间纤维的类型，中间纤维的分子结构与组装及中间纤维的主要功能。

1. 微管

（1）一般形态结构及化学组成。微管是由13根蛋白原纤维构成的一种中空管状纤维结构。组成微管的主要成分为 α-微管蛋白和 β-微管蛋白。α-微管蛋白和 β-微管蛋白形成异二聚体，它们是微管组装的基本结构单位。微管相关蛋白则参与微管的组装，维持其稳定和与其他骨架成分的连接。

（2）组装。微管的组装受多种因素影响，具有自我调控的高度时空顺序性。在体外，微管蛋白浓度、Mg^{2+}、pH、温度和GTP供应都可影响其组装，生物碱秋水仙碱和长春花碱可抑制微管的组装。在体内，微管蛋白的合成是一个自我调控的过程，而微管的组装则受细胞周期的调控。微管组装首先以 $\alpha\beta$ 异二聚体为基本单位，首尾相连、相互聚合，形成具有极性（头/尾）的原纤维，然后13条原纤维同向侧面结合形成片层结构，进而卷曲合拢，形成中空的微管。该过程需要消耗GTP，并且是一个动态可逆的过程。微管组织中心（MTOC）在微管的组装过程中起着重要作用。

（3）微管相关蛋白。微管相关蛋白参与微管的组装、维持微管的稳定和微管与其他骨架纤维间的连接。已发现和提纯的主要有：MAP-1、MAP-2、MAP-4和Tau蛋白等。微管相关蛋白的主要功能包括：对微管组装的调节控制作用；对细胞骨架结构的建立、稳定和增强作用；参与胞内物质的轨道定向转运过程；参与和介导细胞的信号转导。

（4）存在形式。有单管、二联管、三联管三种存在形式。单管是胞质中最常见的微管存在形式，是一种动态结构，属于不稳定型微管。二联管和三联管属稳定型微管结构，前者主要构成鞭毛和纤毛的周围小管，后者存在于中心粒和鞭毛、纤毛的基体中。

（5）微管的主要功能：①构成细胞网状支架；②参与细胞的收缩与变形运动；③参与细胞器的位移和细胞分裂中染色体的定向移动；④参与细胞内大分子颗粒物质及囊泡的定向转送运输；⑤参与细胞内的信号转导。

2. 微丝

（1）主要组分及结构。主要结构成分是球形肌动蛋白，可分三类：α-肌动蛋白，存在于肌细胞；β-肌动蛋白和γ-肌动蛋白可见于所有细胞。微丝由球形肌动蛋白首尾相连、缠绕构成的一种实心极性结构。多数微丝是一种动态结构，与细胞运动和形态变化密切相关。

（2）微丝结合蛋白及特异性药物。直接参与微丝纤维系统组成，对微丝的动态组装具有重要的调节功能。与肌肉收缩系统相关的常见微丝结合蛋白：原肌球蛋白；肌球蛋白，构成肌小节的粗肌丝；肌钙蛋白。细胞松弛素可阻止微丝的组装，而鬼笔环肽则可促进其组装。

（3）微丝的主要功能：①维持细胞形态；②参与细胞质运动；③构成细胞间连接装置。

3. 中间纤维

（1）类型。中间纤维成分复杂，有严格的细胞类型分布，常见的中间纤维有：角蛋白丝、结蛋白丝、波形蛋白丝、神经胶质丝和神经丝。

（2）分子结构与组装。中间纤维蛋白相互间具有较高的同源性和极为相似的分子结构特征，所有中间纤维蛋白分子多肽链都可分为非螺旋化的头、尾和α螺旋化的中段。中间纤维的组装是单体蛋白分子先形成二聚体，两对二聚体反向平行结合形成四聚体，四聚体进一步组装，形成切面含有32个单体蛋白分子的中空圆柱状纤维。中间纤维亦是一种动态结构，在三种骨架成分中最为坚韧。

（3）中间纤维结合蛋白。它们或紧密或松散地结合于中间纤维的不同部位，调节其胞内超分子结构。

（4）功能：①支架作用；②定向运输；③与细胞癌变有关；④与mRNA运输、定位、翻译有关；⑤参与胞内信号传递。

（5）与医学关系。中间纤维分布的组织特异性可作为细胞类型区分的依据，在临床上常应用于肿瘤诊断和分型，以及其他疾病的辅助诊断。

4. 中心体和中心粒

中心粒的核心结构为一对相互垂直的短筒状小体——中心粒。中心粒由9束三联微管呈风轮状环列而成，在细胞周期的S期向两极分离后加倍，形成新的中心粒。

中心体是低等植物和动物细胞中的微管组织中心，参与细胞的有丝分裂过程。由于中心粒存在ATP酶，可能与细胞能量代谢有关，为细胞运动和染色体移动提供能量。

5. 鞭毛与纤毛及其运动

鞭毛和纤毛是细胞表面具有运动功能的特化结构，鞭毛少而较长，纤毛多而较短，两者基本结构完全相同，都是由细胞膜包绕一根轴丝构成。轴丝为9组二联微管环绕一对中央单管，即"9＋2"结构，其基体（胞质部分）结构与中心粒同形、同源。它们都执行细胞运动功能。

【练习题】

（一）A 型题

1. 细胞骨架系统的主要化学成分是（　　）。
   A. 核酸　　　B. 蛋白质　　　C. 脂类
   D. 多糖　　　E. 胆固醇

2. 微管的主要组成成分是（　　）。
   A. 肌动蛋白　　B. 原肌球蛋白　　C. 微管蛋白
   D. 组蛋白　　　E. 胶原蛋白

3. 较为坚韧、分布具组织特异性的细胞骨架成分是（　　）。
   A. 微管　　　B. 中间纤维　　C. 微丝
   D. 微管与微丝　　E. 微丝与中间纤维

4. 在培养细胞中加入秋水仙素可影响下列何种结构的组装？（　　）
   A. 微丝　　　B. 微管　　　C. 中间纤维
   D. 张力丝　　E. 肌丝

5. 微管装配的基本结构单位是（　　）。
   A. α-tubulin　　B. β-tubulin　　C. α、β-tubulin 二聚体
   D. α-actin　　　E. α、β-actin

6. 关于微管的组装，下列哪种说法是错误的？（　　）
   A. 微管可随细胞的生命活动不断的组装与去组装
   B. 微管的组装分步进行
   C. 微管的极性对微管的增长有重要意义
   D. 微管两端的组装速度是相同的
   E. 微管蛋白的聚合和解聚是可逆的自体组装过程

7. 下列哪一种结构具有 MTOC 作用（　　）。
   A. 纤毛　　　B. 端粒　　　C. 中心体
   D. 随体　　　E. 染色体次缢痕

8. 下面不是由微管构成的结构为（　　）。
   A. 中心体　　B. 鞭毛　　　C. 纤毛
   D. 微绒毛　　E. 纺锤体

9. 秋水仙素对纺锤丝的抑制作用可使细胞分裂停止在（　　）。
   A. G_0 期　　B. 前期　　　C. 中期
   D. 后期　　　E. 末期

10. 影响微管组装的因素不包括下列哪一项？（　　）
    A. GTP 浓度　　B. ATP 浓度　　C. 温度
    D. pH　　　　　E. 微管蛋白的浓度

11. 恶性细胞转化的一个重要特征是（　　）。
A. 微管聚合　　B. 微管解聚　　C. 微丝增加
D. 中间纤维减少　E. 肌动蛋白发生磷酸化

12. 与阿尔茨海默病有关的关键蛋白是（　　）。
A. MAP_1　　B. MAP_2　　C. MAP_4
D. Tau　　E. 酸性角蛋白

13. 微丝的主要组成成分是（　　）。
A. 角蛋白　　B. 结蛋白　　C. 肌动蛋白
D. 肌原蛋白　E. 胶原蛋白

14. 肌动蛋白构成以下哪种结构（　　）。
A. 微管　　B. 中心粒　　C. 鞭毛
D. 纤毛　　E. 微绒毛

15. 微丝组装的限速阶段是（　　）。
A. 成核期　　B. 生长期　　C. 平衡期
D. 稳定期　　E. 聚合期

16. 有关微丝的叙述，错误的是（　　）。
A. 是一种动态结构　　B. 数量比微管少
C. 具有收缩功能　　D. 对肌动蛋白抗体呈阳性反应
E. 比微管细而短，更具弹性

17. 在非肌细胞中，微丝与哪种运动无关？（　　）
A. 支持作用　　B. 吞噬作用　　C. 主动运输
D. 变形运动　　E. 变皱膜运动

18. 具有 ATP 酶活性的蛋白是（　　）。
A. 微管蛋白　　B. 肌动蛋白　　C. 肌球蛋白
D. 原肌球蛋白　E. 肌钙蛋白

19. 下列哪种是直接参与肌肉收缩的蛋白质（　　）。
A. 原肌球蛋白　B. 肌动蛋白　　C. 肌钙蛋白
D. 结蛋白　　E. 钙调蛋白

20. 构成肌小节粗肌丝的是（　　）。
A. 肌球蛋白　　B. 肌动蛋白　　C. 结蛋白
D. 血影蛋白　　E. 肌钙蛋白

21. 下列成分中不能构成中间纤维的是（　　）。
A. 角蛋白丝　　B. 结蛋白丝　　C. 波形蛋白丝
D. 神经丝　　E. 绒毛蛋白

22. 下列对中间纤维结构描述错误的是（　　）。
A. 直径介于微管和微丝之间
B. 是实心的纤维状结构

C. 杆状区是由约 310 个氨基酸的 α 螺旋组成

D. 杆状区的长度和氨基酸顺序高度保守

E. 非螺旋的尾部区保守不变，是识别中间纤维的特征

23. 产生单纯性大泡性表皮松解症的原因是（   ）。

A. 神经丝蛋白缺陷　　　　　　B. 结蛋白丝缺陷

C. 角蛋白丝缺陷　　　　　　　D. 波形蛋白丝缺陷

E. 核纤层蛋白缺陷

24. 下列哪种结构或细胞活动没有细胞骨架成分参与（   ）。

A. 核纤层　　B. 桥粒　　C. 细胞内信号转导

D. 转运泡运输　　E. 有被小泡形成

25. 鞭毛毛部的亚微结构是（   ）。

A. 9＋3 组微管　　　　　　　B. 9×2＋3 组微管

C. 9×3 组微管　　　　　　　D. 9×2＋2 组微管

E. 9×3＋3 组微管

26. 关于鞭毛和纤毛的运动机理，下列叙述错误的是（   ）。

A. 完全运动是由滑动运动转化而来

B. 滑动是通过二联体动力蛋白臂产生的

C. 鞭毛的运动依赖于鞭毛基部的某种动力装置

D. A 管上的动力蛋白臂是鞭毛和纤毛运动的动力源

E. 弯曲运动并不消耗 ATP

（二）B 型题

A. 单管　　B. 二联管　　C. 三联管

D. 四联管　　E. 中央管

1. 尚未在细胞内发现的微管是（   ）。

2. 纤毛中部横切断面微管的排列方式为（   ）。

3. 中心粒超微结构中微管的排列方式为（   ）。

4. 由 13 条原纤维包围而成的微管是（   ）。

A. 微管　　B. 微丝　　C. 中间纤维

D. 微梁网格　　E. 核骨架

5. 可被秋水仙素破坏的结构是（   ）。

6. 可被细胞松弛素抑制的结构是（   ）。

7. 肿瘤细胞一般仍可保持原来细胞的结构是（   ）。

A. 胞质环流　　B. 膜泡运输　　C. 轴突运输

D. 胞质分裂环　　E. 踏车现象

8. 在非肌肉细胞中形成的大量微丝束，具有收缩功能（   ）。

9. 细胞内各种膜性结构的动态关系及膜的相互移行现象（   ）。

10. 微管在体外组装过程中出现的一种特征（　　）。
11. 神经元合成的物质运送到神经末梢（　　）。
    A. 角蛋白丝　　B. 结蛋白丝　　C. 波形蛋白丝
    D. 神经胶质丝　　E. 神经丝
12. 存在于神经元的是（　　）。
13. 存在于上皮细胞的是（　　）。
14. 存在于间质细胞的是（　　）。
15. 存在于胶质细胞的是（　　）。
16. 存在于成熟肌细胞的是（　　）。

（三）X 型题

1. 关于细胞骨架，下列正确的是（　　）。
    A. 充满于整个细胞　　　　　　　B. 不属于细胞器
    C. 与核膜有结构联系　　　　　　D. 与细胞膜没有结构联系
    E. 是细胞的重要组成部分
2. 属于细胞骨架结构的是（　　）。
    A. 微丝　　B. 中间纤维　　C. 肌动蛋白
    D. 微管　　E. 张力丝
3. 下列哪些结构参与细胞分裂、并由微管组成？（　　）
    A. 缢缩环　　B. 赤道板　　C. 染色体
    D. 中心粒　　E. 纺锤丝
4. 胞质单管具有（　　）。
    A. 不稳定性　　B. 组织特异性　　C. 极性
    D. 永久性　　E. 无序性
5. 具有 MTOC 作用的结构是（　　）。
    A. 中心粒　　B. 微体　　C. 端粒
    D. 着丝点　　E. 核糖体
6. 下列具有极性的结构有（　　）。
    A. 微丝　　B. 微管　　C. 结蛋白
    D. 角蛋白　　E. 中间纤维
7. 参与微管装配的蛋白包括（　　）。
    A. MAP_1　　B. MAP_2　　C. Tau
    D. 动力蛋白　　E. 驱动蛋白
8. 中间纤维的主要功能有（　　）。
    A. 支架作用　　　　　　　　　　B. 物质定向运输作用
    C. 与 mRNA 运输有关　　　　　　D. 参与胞质信号传递
    E. 与细胞癌变有关

9. 在培养细胞中加入细胞松弛素可影响下列何种结构的组装？（　　）

A. 微丝　　　　B. 微管　　　　C. 中间纤维

D. 张力丝　　　E. 鞭毛

10. 微管的主要功能是（　　）。

A. 纺锤体的形成　　B. 膜泡运输　　C. 肌肉收缩

D. 固定细胞器　　　E. 细胞收缩

11. 下列与微丝功能有关的是（　　）。

A. 胞质分裂　　B. 变形运动　　C. 肌肉收缩

D. 固定细胞器　　　　　　E. 细胞间的连接

12. 体外影响微管组成的因素有（　　）。

A. 微管蛋白浓度　　B. Mg^{2+} 浓度　　C. ATP

D. pH　　　　E. GTP

13. 下列哪些改变会引起细胞移动？（　　）

A. 微绒毛的伸缩　　　　B. 微管的动态变化

C. 肌动蛋白的组装与解聚　　D. 肌球蛋白丝的滑动

E. "凝胶-溶胶"的转变

14. 关于动力蛋白，下列叙述正确的是（　　）。

A. 动力蛋白具有 ATP 酶活性

B. 动力蛋白可促进细胞生长

C. 动力蛋白构成 A 管伸出的内臂和外臂

D. 动力蛋白能将化学能转化为机械能

E. 缺乏动力蛋白的人易患呼吸道感染

(四) 问答题

1. 简述微管的组成结构和组装。

2. 简述微管的主要功能。

3. 简述微丝的组成结构及功能。

4. 比较微管、微丝和中间纤维的异同。

5. 如何理解细胞骨架的动态不稳定性？这种不稳定性与细胞的生命活动过程有什么关系？

6. 简述中间纤维的分布特性及与医学的关系。

【参考答案】

(一) **A 型题**

| 1. B | 2. C | 3. B | 4. B | 5. C | 6. D | 7. C |
| 8. D | 9. C | 10. B | 11. B | 12. D | 13. C | 14. E |

15. A 16. B 17. C 18. C 19. B 20. A 21. E
22. B 23. C 24. E 25. D 26. E

（二）B 型题

1. D 2. B 3. C 4. A 5. A 6. B 7. C 8. D
9. B 10. E 11. C 12. E 13. A 14. C 15. D 16. B

（三）X 型题

1. ACE 2. ABD 3. DE 4. AC 5. AD 6. AB
7. ABC 8. ABCDE 9. AD 10. ABDE 11. ABCDE 12. ABDE
13. CE 14. ACDE

（四）问答题

1. 微管是由 13 根蛋白原纤维构成的一种中空管状纤维结构。组成微管的主要成分为 α-微管蛋白和 β-微管蛋白。α-微管蛋白和 β-微管蛋白形成异二聚体，它们是微管组装的基本结构单位。微管相关蛋白则参与微管的组装，维持其稳定和与其他骨架成分的连接。

微管的组装受多种因素影响。在体内，微管蛋白的合成是一个自我调控过程。而微管的组装则受细胞周期调控。微管组装首先以 αβ 异二聚体为基本单位，首尾相连，相互聚合，形成具有极性（头/尾）的原纤维，然后 13 条原纤维同向侧面结合形成片层结构，进而卷曲合拢，形成中空的微管。

2. 构成细胞的网状支架，维持细胞形态；固定和支持细胞器的位置；参与细胞的收缩与变形运动，是纤毛、鞭毛等细胞运动器官的主体结构成分；参与细胞器位移和细胞分裂中染色体的定向移动；参与胞内物质的定向运输，特别是大分子颗粒的运输。

3. 微丝的主要结构成分是球形肌动蛋白，该蛋白可分三类：α-肌动蛋白，存在于肌细胞；β-肌动蛋白和 γ-肌动蛋白可见于所有细胞。微丝是由球形肌动蛋白首尾相连、缠绕构成的一种实心极性结构。微丝结合蛋白直接参与微丝纤维系统组成，对微丝的动态组装具有重要调节作用。

微丝的主要功能：组成细胞骨架，维持细胞形态；构成细胞间的连接装置；参与细胞质运动。

4. 三者的相同之处：①在化学组成上均由蛋白质构成；②在结构上都呈纤维状；③在功能上：都能支持细胞的形状；都参与细胞内物质运输和信息的传递；都在细胞运动和细胞分裂上发挥作用。

三者的不同之处：①在化学组成上三者的蛋白质种类不同，中间纤维在不同种类的细胞中的基本成分也不同；②在结构上，微管和中间纤维是中空的纤维状，微丝是实心的纤维状。微管的结构是均一的，中间纤维中部为 α 螺旋杆状区，两侧为头部和尾部；③在功能上，微管可构成中心粒、鞭毛或鞭毛等重要的细胞器和附属结构，在细胞运动和细胞分裂过程中发挥作用；微丝在细胞的收缩中发挥作用，使细胞更好的执行生理功能；中间纤维具有固定细胞核的功能，执行细胞器的分配和定位，与DNA的复制和转录有关。

三种细胞骨架成分既有区别也有联系，共同承担维持细胞形态、细胞器位置的固定、物质和信息的传递等重要功能。

5. 细胞骨架的动态不稳定性是指细胞骨架结构在一定条件下可动态的去组装或重新组装的现象。

这种不稳定性在细胞生命活动过程中具有重要的生物学意义。①细胞的分裂过程通过纺锤体的组装与解聚来完成染色体的移动；②细胞周期过程中细胞核的消失与重新形成与核纤层结构的动态变化有关；③胞质环流和细胞的运动、迁移需要"凝胶-溶胶"的转变；④通过踏车现象可改变微管或微丝在细胞中的分布部位，这与细胞的移动有关。

6. 中间纤维分布具有严格的组织特异性，即在不同的组织细胞中，中间纤维的类型不同，因此，可作为区分细胞类型的特征性标志之一。在绝大多数肿瘤中，该特性往往不会随着细胞发生恶变而改变，即使是发生转移后，肿瘤细胞也通常表达来源细胞的特征性中间纤维，临床上常据此进行肿瘤诊断和分型。另外，在许多病理情况下，常常可见中间纤维的异常，因此也可作为某些疾病的辅助诊断工具。

（泸州医学院　田　强）

第四篇　细　胞　核

第十六～二十章

【教学要求】

(一) 掌握

(1) 细胞核的基本结构与主要功能，理解核被膜与核孔复合体是真核细胞所特有的结构。

(2) 染色质与染色体的结构与组成及分类。

(3) 核仁的结构与功能。

(二) 了解

(1) 核基质的功能。

(2) 细胞核的功能。

【知识要点】

(一) 基本概念

(1) 核纤层（nuclear lamina）　核纤层是细胞核内层核膜下由纤维蛋白构成的网架结构体系，与染色体核周锚定、核膜重建和染色质凝集有关。

(2) 核小体（nucleosome）　核小体是染色体的基本结构单位，每个核小体由组蛋白（H_2A、H_2B、H_3、H_4 各2个分子）八聚体构成核小体核心，约140bpDNA在外面盘绕1.75圈，相邻的核小体之间由一段约60bp的DNA片段与一分子组蛋白 H_1 相连接。

(3) 染色质（chromatin）　染色质是间期细胞核中能被碱性染料着色的物质，是遗传物质在细胞中的储存形式，主要由DNA和组蛋白组成，含少量RNA和非组蛋白。根据结构和功能状态不同，染色质可分为常染色质和异染色质。

(4) 染色体（chromosome）　染色体是细胞分裂过程中染色质高度螺旋化、凝集形成的棒形结构，是遗传物质的载体。

（5）核型（karyotype） 一个体细胞中具有的全部染色体按照其形态特点分组排列就构成核型。

（6）同源染色体（homologous chromosome） 同源染色体是指形态、大小、结构基本相同，含有成对的等位基因，分别来自父方、母方，在减数分裂中联会配对的两条染色体。

（7）动粒（kinetochore） 动粒是染色体着丝粒处、主缢痕两侧的特化结构，细胞分裂时与纺锤体微管结合，参与染色体在分裂后期的移动，对染色体的有序分离起重要作用。

（8）重复序列（repetitive sequence） 在真核细胞基因组中，有大量的序列具有相同的拷贝，例如，卫星 DNA、rRNA 基因等，这种序列称为重复序列，分为中度重复序列和高度重复序列。

（9）染色单体（chromatid） 染色单体又称子染色体，是染色质的四级结构，含一分子高度盘绕、凝集的 DNA。在细胞分裂中期，每条染色体含 2 条染色单体，并通过着丝粒连接（姐妹染色单体）。

（10）半保留复制（semiconservative replication） 以 DNA 双链分别为模板，根据碱基互补的原则，在 DNA 聚合酶的催化下合成新的 DNA 分子，在新的 DNA 分子中，一条链为模板链，另一条是新合成的，这种合成 DNA 的方式称为半保留复制。

（11）转录（transcription） 遗传信息从 DNA 传递到 RNA 的过程，即以 DNA 的一条链为模板，在 RNA 聚合酶的催化之下，按照碱基互补的原则合成 RNA 的过程。

（12）核不均一 RNA（heterogeneous nuclear RNA，hnRNA） 细胞核内的结构基因转录合成 mRNA 初级产物或 mRNA 的前体，因各种转录产物分子大小不相同，称为核不均一 RNA。

（13）端粒（telomere） 存在于染色体末端的特化部位称为端粒，端粒通常由一种富含 G 的小片段重复序列组成。端粒可稳定染色体的结构，而且对染色体的核内定位分布具有一定的作用。

（14）断裂基因（splite gene） 真核细胞结构基因的编码序列被不编码序列隔断，使编码序列不连续，称断裂基因。

（15）核基质（nuclear matrix） 核基质是真核细胞间期核中除核被膜、染色质及核仁以外的一个网架系统，又称为核骨架。由纤维状蛋白组成。核基质的主要功能是：①作为 DNA 复制的支撑物；②与基因表达调控有关；③与染色体构建有关；④与病毒复制有关。

（16）核仁周期（nucleolar cycle） 核仁是一种动态结构，随细胞周期的变化而呈周期性变化，在细胞的有丝分裂期，核仁变小，逐渐消失。在有丝分裂末期，rRNA 的合成重新开始，核仁形成。

（17）核孔复合体（nuclear pore complex，NPC） 这是真核细胞内、外核膜的融合处由一系列规则排列的颗粒及丝状物组成的复杂结构，如捕鱼笼样。主要功能是构成核质间双向运输的亲水性通道。

(18) 染色质（chromatin）及染色体（chromosome） 这是遗传信息的载体，由DNA、组蛋白、非组蛋白及少量RNA组成，能被碱性染料染色。在间期细胞核中，遗传物质呈伸展、分散的细丝网状结构，称染色质；当细胞进入有丝分裂期时，染色质高度螺旋化，折叠、盘曲形成特殊形态的短棒状小体，即染色体。

(二) 主要内容

1. 细胞核概述

细胞核（nucleus）是细胞内储存遗传物质的场所。真核动物细胞除成熟红细胞以外都有细胞核。细胞核主要有两个功能：一是通过遗传物质的复制和细胞分裂保持细胞世代间的连续性（遗传）；二是通过基因的选择性表达控制细胞的各种生命活动。

典型的真核生物细胞核具有五个主要组成部分：核被膜、核纤层、染色质、核仁和核基质（nuclear matrix）。

2. 核被膜（nuclear envelope）

1) 核被膜结构

核被膜由内、外核膜和核周间隙所组成。在内外核膜的融合之处形成的小孔称为核孔。细胞进行有丝分裂时，核被膜于晚前期解体，到分裂末期又重新形成。

2) 核孔复合体

核孔复合体的主体由以下部分组成：①朝向胞质面与外核膜相连的胞质环，其上方对称分布着8条纤维；②朝向核基质与内核膜相连的核质环，其上方亦对称分布着8条纤维，末端交汇成篮网样结构；③核孔中央跨膜糖蛋白组成的中央栓有助于核孔复合体锚定于核膜上；④环形成分向中央伸出8个圆锥状的辐（spoke），呈辐射状对称，可把胞质环、核质环、中央栓连接在一起。

3) 核被膜的功能

(1) 区域化作用。真核细胞的核被膜不仅使细胞核有相对稳定的内环境进行核内代谢，也使DNA复制、RNA转录和蛋白质合成分隔进行，使RNA转录和蛋白质合成在时间和空间上分开，遗传信息的表达可以得到更为精确的调控，这对真核细胞的进一步演化具有重要意义。

(2) 控制细胞核与细胞质的物质交换。核被膜是一个双层膜系统，膜内外物质的交换比单层膜更为困难，需要通过核膜的核孔复合体主动运输，是一个信号识别与载体介导的过程，需要ATP，对温度敏感。主动运输具双向性特点，把复制、转录、染色体的构建和核糖体前体组装等所需要的各种因子，如DNA聚合酶、RNA聚合酶、组蛋白、核糖体蛋白等运输到核内，又能将翻译所需要的RNA（包括tRNA和mRNA）组装好的核糖体亚基等从核内运输到细胞质。

(3) 合成生物大分子。

(4) 在细胞分裂中参与染色体的定位与分离。

3. 核纤层（lamina）

核纤层是内层核膜下贯穿于细胞核与细胞质的蛋白质网架结构体系，在哺乳类和鸟类细胞中，核纤层的中间纤维是核纤层蛋白（lamins A、B、C）。核纤层为核膜及染色质提供了结构支架，并介导核膜与染色质之间的相互作用。在有丝分裂时，核纤层与核膜的破裂与重建密切相关。

4. 染色质

1）化学组成

由 DNA、组蛋白、非组蛋白和少量 RNA 组成。

储存在单倍体染色体组中的总遗传信息称为该生物的基因组（genome），后者包括结构基因和调控基因，其 DNA 序列可分为单一序列和重复序列。

染色质分为异染色质（heterochromatin）和常染色质（euchromatin）。常染色质处于伸展、分散状态，多为功能活跃状态。异染色质又分结构异染色质（constitutive heterochromatin）和兼性异染色质（facultative heterochromatin），前者指在各种类型细胞的整个细胞周期内都处于凝集状态，即永久性地呈异固缩状态的染色质；后者是指在一定的细胞类型或一定的发育阶段呈现凝集状态的异染色质。

2）染色质的基本结构——核小体

每个核小体单位包括 200bp 左右的 DNA 和一个组蛋白八聚体以及 1 个 H_1。组蛋白八聚体含 H_2A、H_2B、H_3、H_4 各 2 分子，后者构成核小体的核心结构；DNA 分子约 146bp 在八聚体的外表面缠绕 1.75 圈，约 60bp 与下一个核小体相连接；H_1 在连接处与 DNA 结合，封住核小体 DNA 的进出口，可稳定核小体的结构。

3）染色体的包装

核小体是染色体的基本结构单位，DNA 包装成核小体（一级结构），每 6 个核小体绕成一圈形成空心螺线管（二级结构），螺线管进一步盘绕，形成一系列的超螺旋管或环带（loop），这些环带附着在非组蛋白支架（scaffold）上（三级结构），超螺线管进一步螺旋化，形成中期染色单体（四级结构），即 DNA→核小体（一级结构）→螺线管（二级结构）→超螺线管（三级结构）→染色单体（四级结构）。

4）DNA 结构稳定遗传的功能序列

染色体含三种关键性功能序列：DNA 复制的起始序列可确保 DNA 高效、准确地自我复制；着丝粒（centromere）序列确保染色体准确地分离并平均分配到子细胞中；端粒（telomere）序列保持染色体结构的独立性和稳定性。

5）中期染色体结构

（1）着丝粒：连接两条染色单体并将染色体分为四臂结构。动粒是有丝分裂期由着丝粒结合蛋白在主缢痕外表层装配起来的特殊结构。

（2）次缢痕（secondary constriction）与核仁组织区（nucleolar organizing region, NOR）：除主缢痕外的染色体上的浅染缢缩部位为次缢痕。

核仁组织区是近端着丝粒染色体含有 rRNA 基因的一段区域，与核仁的形成有关。

(3) 随体（satellite）：某些染色体短臂末端的呈圆形或圆柱形结构，通过次缢痕与染色体主要部分相连。

(4) 端粒（telomere）：染色体端部的特化结构。

6）染色体分类

根据着丝粒在染色体上的位置，染色体可分为中央着丝粒染色体（metacentric chromosome）、亚中着丝粒染色体（submetacentric chromosome）、近端着丝粒染色体（subtelocentric chromosome）和端着丝粒染色体（telocentric chromosome）。

7）核型与染色体显带

核型指体细胞中全套染色体按形态特征和大小顺序排列构成，并依次配对、分组形成的图像。染色体显带技术是用特殊的染色方法使染色体产生明显的暗带与明带相间的带型，各号染色体形成鲜明特征，以利于各号染色体的辨认。

5. 核仁（nucleolus）

1）核仁的超微结构

核仁有3个不完全分隔的部分：纤维中心、密集纤维部分和颗粒部分。

2）核仁的功能

核仁的主要功能涉及核糖体的生物发生，包括rRNA的合成、加工和核糖体亚单位的装配。

(1) rRNA基因的转录　真核生物有4种rRNA：5S rRNA、5.8S rRNA、18S rRNA和28S rRNA，rRNA基因定位于核仁组织区。哺乳类细胞rRNA基因在核仁中产生45S rRNA初级转录产物，后者被剪切为28S rRNA、18S rRNA和5.8S rRNA，5S rRNA在核仁外染色体上合成。

(2) 核糖体亚单位的组装：45S rRNA合成后很快与蛋白质结合，形成核糖核蛋白（RNP），RNP经修饰失去一些RNA和蛋白质，成为核糖体亚单位前体，而核糖体的成熟发生于亚单位被转移到细胞质以后。

6. 核基质与核骨架

(1) 组成：主要是纤维蛋白，由核糖核蛋白（RNP）、核骨架蛋白和核基质结合蛋白组成。核骨架蛋白分核基质蛋白（NMP）和核基质结合蛋白（NMAP），包括与核基质结合的酶、细胞调控蛋白、RNP、病毒蛋白等，与细胞类型、分化程度、生理及病理状态有关。

(2) 核骨架的主要功能：核骨架为细胞核内组分提供了一个结构支架，细胞核内许多重要的生命活动均与核骨架有关，如DNA复制、基因表达、染色体构建以及细胞分裂、分化等。

【练习题】

（一）A型题

1. 关于细胞核的错误叙述是（　　）。

A. 原核细胞与真核细胞主要区别有无完整的细胞核

B. 细胞核的主要功能是储存并传递遗传信息

C. 细胞核的形态有时和细胞的形态相适应

D. 每个真核细胞只能有一个核

E. 核仁位于核内

2. 关于原核细胞的特征，下列哪项叙述有误？（　　）

A. 无真正的细胞核

B. 其 DNA 分子常与组蛋白结合

C. 以无丝分裂方式增殖

D. 无内膜系统

E. 体积较小

3. 一般幼稚型细胞与其成熟型细胞相比较，核质指数（　　）。

A. 小　　　　B. 大　　　　C. 一样大

D. 其他　　　E. 以上都不对

4. 与核膜在结构上相连续的细胞器是（　　）。

A. 高尔基复合体　B. 内质网　　C. 线粒体

D. 细胞膜　　　　E. 溶酶体

5. 关于真核细胞，下列哪项叙述有误？（　　）

A. 有真正的细胞核

B. 有多条 DNA 分子并与组蛋白构成染色质

C. 转录和翻译过程同时进行

D. 体积较大

E. 膜性细胞器发达

6. 关于核膜的叙述错误的是（　　）。

A. 核膜与内质网相连

B. 核膜把核物质集中于细胞特定区域

C. 核膜是真核细胞内膜系统的一部分

D. 有无核膜是真核与原核细胞最主要区别

E. 核膜是一层包围核物质的单位膜

7. RNA 经核孔复合体输出至细胞质是一种（　　）。

A. 被动转运　　B. 简单扩散　　C. 易化扩散

D. 共同运输　　E. 主动转运

8. 下列哪种物质通过核孔复合体转运？（　　）

A. K^+　　　　B. 单糖　　　　C. 氨基酸

D. 核蛋白　　　E. 核苷酸

9. 下列有关真核细胞核孔复合体描述错误的是（　　）。

A. 一种环状复合结构

B. 核孔的大小是可以调控的
C. 核孔的边缘有蛋白颗粒
D. 中央有蛋白颗粒
E. 核孔复合体定时开或关

10. 不符合捕鱼笼式核孔复合体结构模型的结构为（　　）。
A. 胞质环或外环　　B. 核质环或内环　　C. 辐
D. 中央栓　　　　　E. 脂和疏水蛋白构成的复合物

11. 具有核定位信号的蛋白质是（　　）。
A. 非组蛋白　　B. 组蛋白　　C. ATP 酶
D. RNA 聚合酶　E. 核质蛋白

12. 关于核孔，下面哪一项描述不正确？（　　）
A. 核孔在核膜上的密度一般为 35～65 个/μm。
B. 生长代谢旺盛、分化程度低的细胞核孔较多
C. 同种细胞在不同生理状态下其数目和大小有变化
D. 转录活性强、常染色质比例高的细胞核孔较少
E. 不同种类细胞的核孔数目和大小差别很大

13. 核纤层的化学成分是（　　）。
A. 核纤层蛋白质 A、B、C　　B. DNA
C. 组蛋白　　　D. RNA　　E. 核糖体蛋白

14. 核纤层是紧贴核膜的一层（　　）。
A. 微管　　　　B. 微丝　　　　C. 中间纤维
D. 溶胶层　　　E. 类脂分子

15. 真核细胞间期核基质中的网架系统是（　　）。
A. 核纤层　　　B. 细胞骨架　　C. 核骨架
D. 核仁组织者　E. 染色质

16. 下面哪一项不是核骨架的功能？（　　）
A. 为 DNA 复制提供空间支架
B. 与真核细胞中 RNA 的转录和加工有关
C. 与病毒复制有关　　　D. 参与核糖体形成
E. 参与染色体构建

17. 关于组蛋白哪种叙述不正确？（　　）
A. 带正电荷　　　　　　B. 富含精氨酸和赖氨酸
C. 富含酸性氨基酸　　　D. 是组成染色体的主要成分
E. 组蛋白 H_2A、H_2B、H_3、H_4 的含量和结构无种属特异性

18. 非组蛋白的特征是（　　）。
A. 酸性蛋白　　　　　　B. 数量少、种类多
C. 维持染色质的高级结构　D. 调节遗传信息的表达与复制

E. 以上都是

19. 关于基因组，下面哪一项描述不正确？（   ）

A. 包括结构基因和调控基因

B. DNA序列包括单一序列和重复序列

C. 是指单倍体细胞中所含有的全部遗传信息

D. 在结构、功能相似的物种之间，差异都极小

E. 通常生物体的遗传复杂性越高，基因组越大

20. 组成核小体的5种组蛋白中，具有种属、组织特异性的是（   ）。

A. H_1、H_2A、H_2B、H_4　　　　B. H_2A、H_2B、H_3、H_4

C. H_2A、H_2B、H_4　　　　　　　D. H_1

E. H_1、H_2A、H_2B、H_3

21. 染色质的组成成分是（   ）。

A. DNA、RNA和糖类　　　　　B. RNA、糖类和蛋白质

C. DNA、糖类和脂类　　　　　D. 蛋白质、DNA和RNA

E. DNA、蛋白质和脂类

22. 核小体的主要成分是（   ）。

A. RNA和非组蛋白　　　　　B. DNA和组蛋白

C. RNA和组蛋白　　　　　　D. RNA和DNA

E. 组蛋白和非组蛋白

23. 下列哪种组蛋白不参与构成核小体的核心颗粒？（   ）

A. H_1　　　B. H_2B　　　C. H_2A

D. H_3　　　E. H_4

24. 组成核小体核心颗粒的组蛋白八聚体是（   ）。

A. $4H_1+2H_3+2H_4$　　　　　B. $2H_1+2H_2A+2H_2B+2H_3$

C. $2H_3+2H_4+2H_2A$　　　　D. $2H_2+2H_3+2H_4+2H_1$

E. $2H_2A+2H_2B+2H_3+2H_4$

25. 连接相邻核小体的DNA片段长度一般约为（   ）。

A. 20bp　　　B. 60bp　　　C. 100bp

D. 140bp　　　E. 200bp

26. 组成核小体核心颗粒的DNA在组蛋白八聚体外表缠绕圈数为（   ）。

A. 1　　　B. 1.25　　　C. 1.5

D. 1.75　　　E. 2

27. 染色质的基本结构单位是（   ）。

A. 螺线体　　　B. 染色单体　　　C. 核小体

D. 组蛋白八聚体　　　E. 超螺线体

28. 为染色质提供核周锚定部位的结构是（   ）

A. 核纤层　　　B. 核仁　　　C. 外核膜

D. 核孔复合体　　E. 内核膜

29. 染色质二级结构螺线管每圈含核小体的个数是（　　）。
A. 4　　　　　B. 5　　　　　C. 6
D. 7　　　　　E. 8

30. 电镜下间期细胞核内电子密度高的物质是（　　）。
A. RNA　　　　B. 组蛋白　　　C. 异染色质
D. 常染色质　　E. 核仁

31. 染色体结构最典型、最清晰的时期是（　　）。
A. 前期　　　　B. 末期　　　　C. 中期
D. 间期　　　　E. 后期

32. 在细胞核中，下列哪种结构储存 DNA 遗传信息？（　　）
A. 核仁　　　　B. 染色质　　　C. 核骨架
D. 核纤层　　　E. 核膜

33. 染色质与染色体的关系是（　　）。
A. 是同一物质在细胞周期中同一时期的不同表现
B. 不是同一物质，故形态不同
C. 是同一物质，且形态相同
D. 是同一物质在细胞周期中不同时期的形态表现
E. 以上都不对

34. 具有转录活性的基因通常存在于（　　）。
A. 常染色质　　B. 异染色质　　C. 常染色体
D. 性染色体　　E. 染色单体

35. 常染色质是指间期细胞核中（　　）。
A. 螺旋化程度低，没有转录活性的染色质
B. 螺旋化程度低，有转录活性的染色质
C. 螺旋化程度高，有转录活性的染色质
D. 螺旋化程度高，没有转录活性的染色质
E. 螺旋化程度低，很少有转录活性的染色质

36. 下列叙述不正确的是（　　）。
A. 常染色质在间期多位于细胞核中央　　B. 异染色质螺旋化程度高
C. 异染色质在功能上处于静止状态　　　D. 常染色质比异染色质先复制
E. 常染色质的基因都能复制和转录

37. 正常人核型的染色体条数是（　　）。
A. 23 条　　　　B. 40 条　　　　C. 46 条
D. 64 条　　　　E. 以上都不是

38. 正常小白鼠体细胞内染色体是（　　）。
A. 44 条　　　　B. 40 条　　　　C. 22 条

D. 42 条　　　　E. 20 条

39. 人类核型中，X 染色体属于（　　）。
   A. A 组　　　B. B 组　　　C. B 组
   D. E 组　　　E. C 组

40. 人类核型中，Y 染色体属于（　　）。
   A. F 组　　　B. C 组　　　C. D 组
   D. E 组　　　E. G 组

41. 在染色体标本制作过程中，固定的主要目的是（　　）。
   A. 使细胞体积膨大　　　　B. 使染色体分数良好
   C. 使细胞膜破裂　　　　　D. 使染色体形态固定保持下来
   E. 以上都不是

42. 纺锤体微管与真核细胞染色体结合的蛋白质结构部分称为（　　）。
   A. 端粒　　　B. 动粒　　　C. 中心体
   D. 着丝粒　　E. 中心粒

43. 人类染色体上每个动粒约结合的微管数是（　　）。
   A. 1　　　　B. 15　　　　C. 50
   D. 68　　　 E. 10^2

44. 一般认为，在间期细胞核中转录不活跃的染色质为（　　）。
   A. 常染色质　　B. 异染色质　　C. 伸展染色质
   D. 灯刷染色质　　　　　　　E. 以上都不对

45. 一般认为，在间期细胞核中转录较活跃的染色质为（　　）。
   A. 常染色质　　B. 结构异染色质　C. 兼性异染色质
   D. 灯刷染色质　　E. 以上都不对

46. 下面哪一项描述的不是核仁的结构与功能？（　　）
   A. 没有单位膜的海绵球体　　　B. 主要参与三种 rRNA 的合成
   C. 与核糖体的装配有关　　　　D. 在分裂细胞中呈现周期性变化
   E. 能被碱性染料着色

47. 在特定 DNA 区段上串联排列的 rRNA 基因，伸展形成 DNA 袢环，称为（　　）。
   A. 随体柄　　B. 着丝粒　　C. 端粒
   D. 核仁组织者　　E. 异染色质

48. 核仁的大小取决于（　　）。
   A. 细胞内蛋白质合成量　　　B. 核仁组织者的多少
   C. DNA 量　　　　　　　　　D. 细胞核大小
   E. 细胞核内核仁的数量

49. 真核生物中，在核仁外合成的 rRNA 是（　　）。
   A. 5.8S rRNA　　B. 18S rRNA　　C. 5S rRNA

D. 5.5S rRNA   E. 28S rRNA

50. 细胞内 rRNA 合成是发生在（   ）。
   A. 染色体   B. 中心体   C. 核纤层
   D. 核膜上   E. 核仁

51. 由数种小分子核糖核蛋白颗粒（snRNA）组成，参与 mRNA 加工的单位是（   ）。
   A. 核糖体   B. 剪切体   C. hnRNA
   D. 操纵子   E. 启动子

52. 核仁中的原纤维成分主要含有（   ）。
   A. rRNA   B. 组蛋白   C. mRNA
   D. rDNA   E. 核糖体前体

53. 经过自我复制，在细胞分裂时能均等地分配到两个子细胞中去，在遗传上有重要意义的细胞器是（   ）。
   A. 核糖体   B. 染色体   C. 核蛋白复合体
   D. 线粒体   E. 高尔基体

54. 核仁的功能是（   ）。
   A. 转录三种 RNA   B. 转录 rRNA，组装核糖体大、小亚基
   C. 复制 DNA   D. 翻译蛋白质
   E. 以上都不是

55. 核小体连接区 DNA 上结合的组蛋白分子是（   ）。
   A. H_1 B. H_4 C. H_2B
   D. H_3 E. H_2A

56. 在间期，常染色质（   ）。
   A. 比异染色质先复制   B. 比异染色质后复制
   C. 与异染色质同时复制   D. 比异染色质少复制
   E. 比异染色质多复制

57. 在核仁内合成的 rRNA 是（   ）。
   A. 1 种   B. 2 种   C. 3 种
   D. 4 种   E. 以上都不是

58. 下列关于着丝粒的叙述哪项是错误的？（   ）
   A. 着丝粒区染色质纤丝少   B. 着色浅或不着色
   C. 着丝粒是两条染色单体相连处的特殊部位
   D. 与着丝点是同一结构   E. 每条染色体有一个着丝粒

59. mRNA 的信息阅读方向是（   ）。
   A. 5′端→3′端   B. 3′端→5′端   C. 从多个位点阅读
   D. 5′端及 3′端同时进行   E. 先从 5′端阅读，再从 3′端阅读

60. 核糖体的组装（   ）。

A. 在细胞核任何位置组装成完整核糖体

B. 在核仁中组装成完整的核糖体

C. 在核仁中分别组装核糖体的亚单位然后在细胞质中组装成完整的核糖体

D. 完全在细胞质中组装

E. 有时在细胞核中组装，有时在细胞质中组装

61. 遗传信息的流动方向一般是（　　）。

A. mRNA→DNA→蛋白质　　　　B. DNA→rRNA→蛋白质

C. DNA→mRNA→蛋白质　　　　D. 蛋白质→mRNA→DNA

E. DNA→tRNA→蛋白质

62. 下列关于DNA分子中4种碱基的含量关系，哪项不正确？（　　）

A. A+C = G+T　　　　B. A+G = C+T

C. A = T，G = C　　　　D. A+T = G+C

E. 以上都不对

63. 在DNA复制过程中，下列不正确的叙述是（　　）。

A. 半保留复制

B. DNA沿$5'→3'$方面合成

C. 冈崎片段的合成方向是$3'→5'$

D. 需要一段RNA引物

E. 复制是双向进行的

64. 真核细胞基因中，编码序列不连续的基因称为（　　）。

A. 结构基因　　　B. 调节基因　　　C. 操纵基因

D. 断裂基因　　　E. 以上都是

65. 真核细胞结构基因中，无编码功能的序列称为（　　）。

A. 外显子　　　B. 内含子　　　C. 启动子

D. 转座子　　　E. 转录因子

66. 真核生物结构基因中，内含子两端与外显子接头处高度保守，其结构特征为（　　）。

A. $5'AC\cdots GT3'$　　B. $5'CT\cdots AC3'$　　C. $5'GT\cdots AG3'$

D. $5'AG\cdots CT3'$　　E. $5'AG\cdots GT3'$

67. 断裂基因转录修饰流程是（　　）。

A. 基因→hnRNA→剪、加尾→mRNA

B. 基因→hnRNA→剪接、戴帽→mRNA

C. 基因→hnRNA→戴帽、加尾→mRNA

D. 基因→hnRNA→剪接、戴帽、加尾→mRNA

E. 基因→mRNA

68. 能被RNA聚合酶识别并结合的特异性DNA序列（　　）。

A. 启动子　　　B. 外显子　　　C. 内含子

D. 增强子　　　E. 终止子

(二) B 型题

1. A. tRNA　　B. rRNA　　C. mRNA　　D. DNA　　E. cDNA
① 以 DNA 为模板转录而成（　　）。
② 含有多种稀有碱基是（　　）。
③ 核糖体的主要成分是（　　）。
④ mRNA 反转录而成（　　）。
⑤ 遗传信息的储存库是（　　）。

2. A. 着丝粒　　B. 端粒　　C. 随体　　D. 主缢痕　　E. 动粒
① 由高度重复的 DNA 短串联序列和蛋白质组成，可维持染色体的稳定的是（　　）。
② 主缢痕两侧一对三层结构的特化部位是（　　）。
③ 位于主缢痕中心，连接两条染色单体的是（　　）。
④ 通过次缢痕与染色体主体相连的球形或棒状小体是（　　）。
⑤ 在两条姐妹染色单体相连处，有一个向内凹陷的缢痕为（　　）。

3. A. 外核膜　　B. 内核膜　　C. 核孔复合体　　D. 核纤层　　E. 核周间隙
① 与内质网膜相连的结构是（　　）。
② 有核纤层蛋白 B 受体的结构是（　　）。
③ 紧靠内核膜的结构是（　　）。
④ 位于内外核膜之间的是（　　）。
⑤ 内外核膜融合处周围被一些环状物质包围成的独立结构是（　　）。

4. A. 常染色质　　B. 异染色质　　C. 核仁
　　D. 核糖体前体　　　　　E. 核骨架
① 为细胞核内组分提供了一个结构支架的是（　　）
② 被碱性染料染色浅的核内物质是（　　）。
③ 在 S 期晚复制的结构一般是（　　）。
④ 分裂中期的核仁组织者在间期将形成（　　）。
⑤ 核仁的功能是产生（　　）。

5. A. 组蛋白 H_1　　　　　B. 组蛋白 H_2A、H_2B、H_3、H_4
　　C. DNA　　　　　　　D. 核小体
① 核小体连接部位的组蛋白是（　　）。
② 组成核小体核心颗粒的成分是（　　）。
③ 在核小体核心颗粒外缠绕的是（　　）。
④ 构成染色质基本单位的结构是（　　）。
⑤ 连接若干个核小体形成串珠状结构的是（　　）。

（三）X 型题

1. 真核细胞细胞核是（　　）。
   A. 细胞遗传物质的储存场所　　B. 细胞生命活动的调控枢纽
   C. 转录的场所　　D. DNA 复制的场所
   E. 翻译的场所

2. 核膜的特点有（　　）。
   A. 双层膜　　B. 与光面内质网相连
   C. 分布有多个核孔　　D. 有核纤层支持
   E. 内外膜间有核周间隙

3. 下列哪些物质可以通过核孔？（　　）
   A. DNA 聚合酶　　B. mRNA　　C. RNA 聚合酶
   D. 核糖体亚基　　E. 线粒体核糖体

4. 关于核孔复合体的描述正确的是（　　）。
   A. 捕鱼笼式结构
   B. 水溶性物质较易通过
   C. 对生物大分子的运输是双向的
   D. 合成功能旺盛的细胞核孔数目相对较少
   E. 核孔复合体上有特异受体，可以和核定位信号结合。

5. 核骨架的功能包括（　　）。
   A. 为 DNA 复制提供空间支架
   B. 与基因表达、RNA 的转录和加工有关
   C. 与病毒复制有关　　D. 参与染色体构建
   E. 与核糖体亚基前体的装配有关

6. 与核纤层相关的正确描述是（　　）。
   A. 主要由 3 种核纤层蛋白组成
   B. 核纤层属于微管，与细胞质中的微管相连
   C. 附着在内、外核膜上
   D. 维持核孔位置和核被膜形态
   E. 为染色质提供核周锚定部位

7. 组蛋白的特点是（　　）。
   A. 在进化上高度保守　　B. 富含赖氨酸和精氨酸
   C. 带负电荷
   D. 在不同细胞中，含量和结构都很稳定
   E. 是染色体的主要结构蛋白质

8. 非组蛋白的特点是（　　）。
   A. 富含酸性氨基酸　　B. 可促进 DNA 复制

C. 数量少，种类多
D. 在功能活跃的组织中，染色质的非组蛋白含量较少
E. 无组织和种属特异性

9. 人淋巴细胞中期染色体（　　）。
   A. 每条包含两条染色单体　　　　B. 与染色质的化学成分是一致的
   C. 每条染色体都有主缢痕和随体　　D. 每条染色体都有着丝粒和端粒
   E. 每条都是四臂结构

10. 构成染色体功能元件的 DNA 序列是（　　）。
    A. 端粒序列　　　B. 着丝粒序列　　C. 单一序列
    D. 复制起始序列　E. 重复序列

11. 异染色质是（　　）。
    A. 在核内均匀分布　　　　　　B. 被碱性染料染色较深
    C. 在间期细胞中结构紧密　　　D. 在功能活跃的细胞中含量高
    E. 特别易于受到损伤

12. 常染色质是（　　）。
    A. 转录活跃的染色质　　　　　B. 螺旋化程度较低
    C. 均匀地分布于细胞核内　　　D. DNA 序列与异染色质不同
    E. 组蛋白含量高

13. 人类核仁组织者位于染色体（　　）。
    A. 13 号　　　B. 14 号　　　C. 15 号
    D. 16 号　　　E. 17 号

14. 核仁的结构与功能是（　　）。
    A. 没有单位膜的海绵球体　　　B. 与核糖体的装配有关
    C. 在分裂细胞中呈现周期性变化　　D. 含 rDNA
    E. 主要参与三种 RNA 的合成

15. 核仁明显增大的细胞是（　　）。
    A. 需要高能量的细胞　　　　　B. 蛋白质合成旺盛的细胞
    C. 功能活跃的细胞　　　　　　D. 有丝分裂前期的细胞
    E. 以上都不对

16. 关于转录的描述正确的是（　　）。
    A. 转录的基本调节功能是由转录因子实现的
    B. 原核和真核细胞的转录过程是由相同的转录酶催化的
    C. DNA 转录后产生不同类型的 RNA
    D. 转录因子均为激活因子
    E. DNA 双链都可以作为转录的模板链

17. 关于 tRNA 的描述正确的是（　　）。
    A. 分子较小　　　　　　　　　B. 含有稀有碱基

C. 呈三叶草构型　　　　　　D. 在核仁中形成

E. 前体 tRNA 在 3′、5′端上需进行修饰

(四) 问答题

1. 试述核小体的结构。
2. 试述核孔复合体的结构和功能。
3. 简述核定位信号的性质及功能。
4. 试述染色质的包装。
5. 概述细胞核的主要功能。
6. 核被膜的形成对细胞的生命活动具有什么意义?
7. 常染色质和异染色质在结构和功能上有何异同?
8. 简述核仁的细微结构和功能。

【参考答案】

(一) A 型题

1. D	2. B	3. B	4. B	5. C	6. E	7. E
8. D	9. E	10. E	11. E	12. D	13. A	14. C
15. C	16. D	17. C	18. E	19. D	20. D	21. D
22. B	23. A	24. E	25. B	26. D	27. C	28. A
29. C	30. C	31. C	32. B	33. D	34. A	35. B
36. E	37. C	38. B	39. E	40. E	41. D	42. B
43. A	44. B	45. A	46. E	47. D	48. A	49. C
50. E	51. B	52. D	53. B	54. B	55. A	56. A
57. C	58. D	59. A	60. C	61. C	62. D	63. C
64. D	65. B	66. C	67. D	68. A		

(二) B 型题

1. ① C	② A	③ B	④ E	⑤ D
2. ① B	② E	③ A	④ C	⑤ D
3. ① A	② B	③ D	④ E	⑤ C
4. ① E	② A	③ B	④ C	⑤ D
5. ① A	② B	③ C	④ D	⑤ C

(三) X 型题

1. ABCD	2. ACDE	3. ABCD	4. ABCE	5. ABCD	6. ADE
7. ABDE	8. ABC	9. ABDE	10. ABD	11. BC	12. ABD

13. ABC   14. ABCD   15. BD   16. AC   17. ABCE

(四) 问答题

1. 核小体是染色质的基本结构单位，由约 200bp 的 DNA 片段和 5 种组蛋白相结合而成，其中 4 种组蛋白（H_2A、H_2B、H_3、H_4）各 2 分子组成八聚体结构，约 146bp 的 DNA 片段缠绕组蛋白八聚体 1.75 圈左右，形成核心颗粒。在两个核心颗粒之间是一段约 60bp 的连接 DNA（linker DNA），一分子 H_1 组蛋白位于进出核心颗粒的结合处，起稳定核小体结构的作用。

2. 核孔复合体是介导细胞核与细胞质之间物质运输的主要通道，在联系核质之间的物质流、信息流中起十分重要的作用。

①结构：核孔复合体是内外核膜局部融合产生的环状结构，由一组蛋白质颗粒按特定方式排列形成。其有：A. 胞质环：位于核孔边缘的胞质面，环上连有 8 个细胞质颗粒及 8 条细长的纤维，对称分布，并伸向细胞质。B. 核质环：位于核孔边缘的核质面，在核质环上也有对称地连有较胞质面纤维长的 8 条细长纤维，伸向核质。C. 中央栓：位于核孔的中心，呈颗粒状或棒状，推测其在核质交换中发挥一定的作用，又称之为中央运输蛋白（central transporter）。从中央运输蛋白向外伸出 8 个辐条（spoke）并与核孔复合物的细胞核面的核质环（nucleoplamic ring）和细胞质面的胞质环（cytoplasmic ring）相连。

以上组分形成笼形结构。

② 功能：核孔对细胞活动所需要成分定向运输起到决定性作用。核孔的主要功能是构成核质间双向运输的亲水性通道。其运输有两种方式：A. 被动扩散：核孔复合体作为被动扩散的亲水性通道，允许离子、水溶性分子穿梭于核质之间，进行自由扩散。相对分子质量小于 5000 的分子可自由进出核孔。B. 主动运输：亲核蛋白质的核输入、RNA 分子及 RNP 颗粒的核输出是通过核孔复合体的主动运输完成的，具有高度的选择性及双向性。

3. 核定位信号（nuclear localization signal，NLS）是位于多肽序列的任何部分的一种信号肽，一般含有 4～8 个氨基酸，没有专一性，作用是帮助亲核蛋白进入细胞核。

核定位信号都具有一个带正电荷的肽核心。第一个被确定 NLS 序列的蛋白质是 SV40 的 T 抗原。

4. 核小体是染色体的基本结构单位，每个核小体由组蛋白（H_2A、H_2B、H_3、H_4 各 2 个分子）组成八聚体，外面盘绕 1.75 圈 DNA（约 140 个碱基对），约 60bp 的连接 DNA 片段和组蛋白 H_1 连接相邻的核小体。一分子 DNA 缠绕组蛋白八聚体形成的多个核小体紧密连接成直径为 11nm 的串珠状（一级结构）。串珠状结构螺旋缠绕成外径 30nm 的螺线管（二级结构），螺线管每圈含 6 个核小体。螺线管如何进一步包装成染色体有不同看法：袢环结构模型认为，螺线管被折叠成无数袢环，每 18 个袢环以染色体非组蛋白支架为轴心呈放射状平面排列，形成微带，大约 10^6 个微带沿轴心支架纵向排列，构建成染色单体；多级螺旋模型认为，螺线管进一步盘绕，形成直径 400nm 的超螺线管，进一步形成染色单体。

5. 细胞核的功能主要有两个方面：①是遗传信息的主要储存库，载有全部基因组，细胞分裂时，通过复制将遗传信息传给下一代细胞；②进行遗传信息的复制和表达。细胞核是细胞内 DNA 储存、复制和 RNA 转录中心，也是细胞代谢、生长、分化和繁殖的控制枢纽。

6. ①核膜的出现及其区域化作用，为细胞遗传信息的保存、复制、传递及发挥其对细胞代谢和发育的指导作用创造了相对稳定的微环境，提高了上述各项活动的效率。

②控制细胞核与细胞质间的物质流和信息流。

③可以合成部分生物大分子。

④在细胞分裂中参与染色体的定位和分离。

7. 相同点：常染色质和异染色质的化学组成相同，都是由核酸和蛋白质结合形成的染色质纤维丝，是 DNA 分子在间期核中的储存形式，可进行复制和转录，在结构上二者是连续的，且在一定条件下可以互相转变。

不同点：常染色质是解旋的疏松的染色质纤维，折叠盘曲度小，分散度大，以核中央分布为主，经常处于功能活跃状态，在分裂期位于染色体臂。而异染色质是结构紧密的染色质纤维，主要分布在核的周围，由于螺旋缠绕紧密，故功能不活跃，基本上处于静止状态。在分裂期位于着丝粒、端粒或染色体臂的常染色质之间。

8. 核仁是核内无包膜的、由纤维丝构成的海绵状结构，由纤维中心、密集纤维部分、颗粒部分组成：纤维中心位于核仁中央，其中的重要成分是 rRNA 基因（核仁组织者）；转录的大量 rRNA 分布于纤维中心的周围，形成密集纤维区；rRNA 经过剪切、加工，与来自核糖体蛋白质组装成核糖体亚基前体颗粒，密布于密集纤维部分的外侧直到核仁边缘，形成核仁的颗粒区。

核仁的功能是合成 rRNA 和装配核糖体亚基。核仁 DNA 中有许多个 rRNA 基因，它们在 RNA 聚合酶催化下转录出 45S RNA，再经裂解加工成 5.8S、18S 和 28S rRNA，这些成熟的 rRNA 与蛋白质结合，在核仁内装配成核糖体的大、小亚基，通过核膜孔运送至细胞质中去。

（郑州大学　李晓文　郑　红）

第五篇　细胞分裂繁殖与生长发育

第二十一章　细胞的分裂

【教学要求】

（一）掌握

（1）细胞分裂的几种方式。
（2）有丝分裂各期与减数分裂各期的主要特征。
（3）减数分裂过程中同源染色体联会、交换的机制。
（4）有丝分裂和减数分裂的比较。

（二）熟悉

有丝分裂器的结构和功能。

（三）了解

有丝分裂时染色体移动的机制。

【知识要点】

（一）基本概念

（1）有丝分裂器（mitotic apparatus）　有丝分裂器是执行细胞分裂功能的临时性细胞结构，包括中心体、纺锤体、星体和染色体等。

（2）同源染色体（homologous chromosome）　同源染色体是指细胞中形态、大小和结构相同的两条染色体，其中一条来自父方，一条来自母方。

（3）联会（synapsis）　联会是指在减数分裂的偶线期同源染色体彼此靠拢两两配对的过程。

（4）联会复合体（synaptonemal complex）　联会复合体是同源染色体沿纵轴方向配对过程中形成的临时结构，包括两侧的侧生成分和中央的中央成分等。

(二) 主要内容

1. 真核细胞的增殖方式有无丝分裂、有丝分裂和减数分裂

(1) 无丝分裂：无丝分裂是指处于间期的细胞核拉长呈哑铃形，中央部分变细断开，细胞随之分裂成2个，由于不形成纺锤丝而得名。它是低等生物增殖的主要方式，在高等生物中较少见。

(2) 有丝分裂：有丝分裂是一个极其复杂的过程，细胞的形态及其功能均有复杂的变化。它是真核细胞数目增加的一种最主要的增殖方式。

(3) 减数分裂：减数分裂是一种特殊的有丝分裂方式，一般只发生在有性生殖生物的生殖细胞，形成的子细胞和母细胞相比，染色体数减半，这样才能保证物种染色体数的恒定。

2. 有丝分裂和减数分裂过程及其特征

(1) 有丝分裂是把经过间期复制的遗传物质即染色质进一步加工、包装成染色体，并把它们均等地分配给两个子细胞的过程。根据该过程出现的形态学特征，可将其划分为前期、中期、后期和末期四个时期。

前期（prophase）：这一时期的主要表现是染色体的凝集、分裂极的确定和核膜、核仁的解体。

中期（metaphase）：染色体最大程度地压缩，呈现出典型的中期染色体形态特征。在染色体微管的作用下，染色体排列在细胞中部赤道面上形成赤道板。

后期（anaphase）：染色体的着丝粒发生断裂，姐妹染色单体在纺锤丝的牵引下分别移向两极。

末期（telophase）：染色体到达细胞两极，即进入末期。此时染色体开始解旋伸展变为细丝，最后恢复成染色质状态。同时，核纤层蛋白去磷酸化，子细胞核膜重建，核仁又重新出现。

动物细胞质分裂（cytokinesis）：两个子细胞核形成后，细胞膜从中部凹陷形成分裂沟，继而细胞质分割成两部分，形成两个子细胞。

(2) 减数分裂其主要特点包括连续两次的有丝分裂过程，但DNA只复制一次，且中间的间期特别短，最终形成的四个子细胞均为单倍体。

在减数第一次分裂过程中的前期Ⅰ较复杂，经历时间较长，可分为细线期、偶线期、粗线期、双线期和终变期。

【练习题】

（一）A型题

1. 以下哪一项不是有丝分裂器的结构？（   ）
    A. 纺锤体　　B. 中心体　　C. 星体
    D. 中心粒　　E. 核糖体

2. 以下哪一项不是有丝分裂的特点？（　　）
A. 染色体复制一次，细胞分裂一次
B. 核分裂
C. 复制的染色体排列、分离，移向两极
D. 经细胞分裂后，子细胞中染色体数目保持不变
E. 染色体复制一次，细胞分裂两次

3. 有丝分裂器是指（　　）。
A. 由微管、微丝、中间纤维构成的复合细胞器
B. 由基粒、纺锤体、中心粒构成的复合细胞器
C. 由纺锤体、星体、中心体和染色体组成的复合细胞器
D. 由着丝粒、星体、中心体、染色体组成的复合细胞器
E. 只有纺锤体丝组成的复合结构

4. 组成纺锤体的主要成分是（　　）。
A. 微管蛋白　　B. 肌动蛋白　　C. 肌球蛋白
D. 角蛋白　　　E. 波形蛋白纤维

5. 在制备染色体标本时加入秋水仙素，可抑制（　　）的形成。
A. 纺锤体　　B. 染色质螺旋化　C. 微丝
D. 中间纤维　E. 以上都不是

6. 在细胞周期中，哪一时期最适合研究染色体的形态结构？（　　）
A. 前期　　　B. 中期　　　C. 后期
D. 末期　　　E. 间期

7. 同源染色体联会发生于减数分裂的（　　）。
A. 前期Ⅰ　　B. 中期Ⅰ　　C. 后期Ⅰ
D. 末期Ⅰ　　E. 前期Ⅱ

8. 减数分裂时，非同源染色体自由组合发生于（　　）。
A. 前期Ⅰ　　B. 中期Ⅰ　　C. 后期Ⅰ
D. 末期Ⅰ　　E. 后期Ⅱ

9. 有丝分裂与无丝分裂的主要区别在于后者（　　）。
A. 不经过染色体的变化，无纺锤丝出现
B. 经过染色体的变化，有纺锤体的形成
C. 遗传物质平均分配　　　　D. 细胞核复制
E. 细胞质分裂

10. 减数分裂中同源染色体形成四分体是在（　　）。
A. 细线期　　B. 偶线期　　C. 粗线期
D. 双线期　　E. 终变期

11. 可以看到非姐妹染色体之间出现交叉是在（　　）。
A. 偶线期　　B. 双线期　　C. 终变期

D. 细线期　　　E. 粗线期

12. 减数分裂过程中着丝粒纵裂发生在（　　）。
 A. 减数第一次分裂后期　　　B. 减数第一次分裂前期
 C. 减数第一次分裂中期　　　D. 减数第二次分裂前期
 E. 减数第二次分裂后期

13. 在减数分裂中第一次成熟分裂中期，细胞中可以看到（　　）。
 A. n 个二分体　B. n 个四分体　C. $2n$ 个四分体
 D. $2n$ 个单分体　E. $4n$ 个四分体

14. 着丝粒分离至染色单体到达两极是在有丝分裂的（　　）。
 A. 间期　　　B. 前期　　　C. 中期
 D. 后期　　　E. 末期

15. 动物细胞有丝分裂前期不具有的特征是（　　）。
 A. 染色体形成　　　B. 中心粒互相分开移向细胞两极
 C. 核膜消失　　　　D. 核仁消失
 E. DNA 复制

16. 组成纺锤体和星体的共同结构是（　　）。
 A. 中心体　　　B. 中心粒　　　C. 中心球
 D. 微管　　　　E. 微丝

17. 细胞分裂中期纺锤体微管与染色体结合于（　　）。
 A. 着丝粒　　　B. 端粒　　　C. 动粒
 D. 随体　　　　E. 副缢痕

18. 姐妹染色单体在（　　）处相连。
 A. 着丝粒　　　B. 端粒　　　C. 动粒
 D. 随体　　　　E. 副缢痕

（二）B 型题

1. A. 间期　　B. 前期　　C. 中期　　D. 后期　　E. 末期
 ① 有丝分裂过程中染色单体分开，到达细胞两极是在（　　）。
 ② 有丝分裂过程中细胞核增大，DNA 含量增加 1 倍是在（　　）。
 ③ 有丝分裂过程中核膜和核仁消失是在（　　）。
 ④ 有丝分裂过程中染色体排列在赤道板上是在（　　）。
 ⑤ 有丝分裂过程中两组染色体不再向两极迁移，核仁和核膜重新形成是在（　　）。

2. A. 后期Ⅰ　B. 偶线期　C. 粗线期　D. 后期Ⅱ　E. 中期Ⅰ
 ① 减数分裂过程中同源染色体联会发生在（　　）。
 ② 减数分裂过程中非姐妹染色单体发生交换是在（　　）。
 ③ 减数分裂过程中同源染色体相互分离发生在（　　）。

④ 减数分裂过程中姐妹染色单体分离发生在（　　）。
⑤ 减数分裂过程中非同源染色体自由组合是在（　　）。

3. A. 动粒微管　B. 极微管　C. 星体微管　D. 微管　E. 微丝
① 中心体放射出来的丝状结构称为（　　）。
② 连接极与染色体动粒的纤维称为（　　）。
③ 构成纺锤体的纤维是（　　）。
④ 从一极伸到另一极的纤维称为（　　）。
⑤ 构成分裂末期收缩环的纤维是（　　）。

（三）X 型题

1. 能形成有丝分裂器的分裂方式有（　　）。
   A. 裂殖　　　　B. 减数分裂　　　C. 有丝分裂
   D. 无丝分裂　　E. 都可以形成
2. 动物细胞有丝分裂前期不具有的事件是（　　）。
   A. DNA 复制　　　　　　　B. 染色体逐渐形成
   C. 核膜核仁消失　　　　　D. 中心粒出现星射线
   E. 着丝粒分裂
3. 细胞有丝分裂前期发生的事件有（　　）。
   A. 确定分裂极　B. 染色体凝集　C. 染色体排列在赤道板上
   D. 核膜消失　　E. 核仁解体
4. 属于有丝分裂器的结构是（　　）。
   A. 着丝粒　　　B. 中心粒　　　C. 纺锤体
   D. 染色体　　　E. 间体
5. 联会复合体是在两条同源染色体之间（　　）。
   A. 沿纵轴方向形成　　　　　B. 着丝粒处相连而形成
   C. 端粒处相连而形成，由 DNA 组成　D. 次缢痕处相连而形成
   E. 主要由组蛋白、非组蛋白和 RNA 组成，含有微量 DNA
6. 与动物细胞质分裂有关的是（　　）。
   A. 收缩环　　　B. 微管蛋白　　C. 肌动蛋白
   D. 肌球蛋白　　E. 高尔基复合体
7. 减数第一次分裂不同于减数第二次分裂的主要特征是（　　）。
   A. 同源染色体配对　　　　　B. 纺锤体形成
   C. 遗传物质交换重组　　　　D. 姐妹染色单体分离
   E. 动粒微管牵引染色体移动

（四）问答题

1. 简述有丝分裂器的结构和功能。
2. 简述减数第一次分裂前期Ⅰ的各期主要特点。
3. 减数分裂与有丝分裂的重要区别是哪些？

【参考答案】

（一）A 型题

1. E	2. E	3. C	4. A	5. A	6. B	7. A
8. C	9. A	10. C	11. B	12. E	13. B	14. D
15. E	16. D	17. C	18. A			

（二）B 型题

1. ①D ②A ③B ④C ⑤E
2. ①B ②C ③A ④D ⑤A
3. ①C ②A ③D ④B ⑤E

（三）X 型题

1. BC 2. AE 3. ABDE 4. BCD 5. AE 6. ACD 7. AC

（四）问答题

1. 有丝分裂器包括中心体、纺锤体、星体和染色体。有丝分裂器在维持染色体的平衡、运动和分配中起着重要的作用。微管的伸长或产生某种推或拉的机械力量，使其他细胞成分移动。

2. 减数第一次分裂前期Ⅰ分为以下 5 个时期。

（1）细线期：间期中处于解旋状态的染色质开始凝集，螺旋成为线状细长的染色体。

（2）偶线期：形态大小相同的同源染色体开始两两配对即联会。

（3）粗线期：染色体继续缩短变粗，同源染色体中非姐妹染色单体间多处发生交叉。

（4）双线期：联会的 2 条同源染色体开始分离，有交叉端化现象出现。

（5）终变期：二价体显著缩短变粗，染色体螺旋化达到最高程度，这时核仁、核膜开始解体。

3. 减数分裂与有丝分裂的重要区别如下：

（1）有丝分裂只有一次均等分裂，而减数分裂包括两次连续的细胞分裂。

（2）有丝分裂的结果是一个亲代细胞形成 2 个子细胞，且子细胞的染色体数和亲代细胞相同，使遗传物质保持恒定；减数分裂是一个细胞形成 4 个具有不同遗传物质、染色体数目减半的子细胞。

（3）有丝分裂过程中无联会也无交叉互换；减数分裂过程中有同源染色体的配对和非姐妹染色单体间遗传物质的交换。

（4）有丝分裂发生在生物体的体细胞；减数分裂发生在有性生殖生物形成生殖细胞的过程中。

（四川大学　李　虹）

第二十二章 细胞周期

【教学要求】

(一) 掌握

（1）细胞周期的概念。
（2）细胞周期的主要事件。
（3）周期性蛋白质磷酸化系统。
（4）细胞周期检查点。

(二) 熟悉

（1）机体细胞的状态。
（2）周期性基因表达。
（3）细胞周期与肿瘤。

(三) 了解

（1）细胞周期的研究历程和研究方法。
（2）周期性蛋白质降解系统。
（3）细胞周期与胚胎发育、组织再生和衰老的关系。

【知识要点】

(一) 基本概念

（1）细胞周期（cell cycle） 细胞周期指细胞从分裂结束开始生长，到再次细胞分裂终了所经历的过程。

（2）周期蛋白（cyclin） 周期蛋白指在真核细胞周期中浓度周期性升高和降低的一类蛋白质，这类蛋白质通过活化周期蛋白依赖激酶（Cdk）而驱动细胞周期的进程。

（3）检查点（check point） 检查点是细胞周期中决定细胞能否进入下一个阶段的监控点，是细胞周期进程的一类反馈调节机制。

（4）限制点（restriction point） 限制点又称为 R 点，是哺乳动物细胞周期 G_1 期的重要检查点。通过该点后，细胞将启动基因组 DNA 复制的前期事件。

（5）细胞动力学（cytokinetics） 细胞动力学是指研究生物系统或人工系统中细胞群体的来源、增减、分化、分布和动态变化规律的学科。

(二) 主要内容

1. 细胞周期的基本概念

细胞周期是一切生命活动的基础。

机体细胞的增殖、休眠、分化和衰亡在总体上处于动态平衡状态，使组织器官可以得到稳定的更新和发育。各种组织中存在少量的增殖细胞；肝、肾等器官的实质细胞属于 G_0 细胞；神经、肌肉和血液中的大部分细胞属于终末分化细胞；皮肤则包含干细胞、G_0 细胞、终末分化细胞和死细胞。

大量的研究正在逐渐揭示细胞周期的原理。

2. 细胞周期的主要事件

真核细胞周期分为 G_1 期、S 期、G_2 期和 M 期。G_1 期细胞生长、分裂决定和复制准备；S 期 DNA 合成、染色质组装和中心粒复制；G_2 期复制检查和分裂准备；M 期分为前期、前中期、中期、后期和末期，完成染色质凝集、细胞核解体、纺锤体形成、染色单体分离、子细胞核形成和胞质分裂等事件。

3. 细胞周期的运行机制

周期性基因表达不仅导致细胞生物量的实质性增长，而且，特定基因的表达推动了细胞周期的进程，而细胞周期的推进又会导致相应的基因表达。可见，基因组中特定基因的周期性表达是驱动细胞周期运行的原动力。

周期性蛋白质磷酸化主要由 cyclin-Cdk 完成，可以在细胞周期的不同阶段激活不同的靶蛋白，启动相应的细胞周期事件，因此，cyclin-Cdk 又称为细胞周期引擎。G_1 期引擎是 cyclin D-Cdk4/6 和 cyclin E-Cdk2；S 期为 cyclin A-Cdk2；G_2/M 期为 cyclin A/B-Cdk1。

周期性蛋白质降解主要由 APC 和 SCF 引导的泛素化蛋白降解系统完成。

细胞周期检查点主要通过抑制 Cdk 活性来控制细胞周期事件的启动，包括 R 点、DNA 损伤检查点、DNA 复制检查点和纺锤体组装检查点。

4. 细胞周期与发育

细胞周期与生长发育有着密切的关系。单细胞受精卵经过数十轮分裂后形成大量的细胞，并逐渐分化发育形成胚胎、幼体和成体。此后，通过细胞周期来不断补充细胞损耗和修复组织损伤。衰老与细胞周期的延长和耗竭有着密切的关系。肿瘤则可以看作是一类增殖失调导致的细胞周期疾病。

5. 细胞周期的研究方法

常用的细胞周期模型包括酵母、爪蟾胚胎细胞和哺乳动物培养细胞。同步化是获得时相一致的细胞群的方法，包括诱导同步化和选择同步化。细胞周期时间的测定可以有多种方法。细胞周期基因芯片技术可以分析细胞周期上的基因表达谱。

【练习题】

(一) A 型题

1. 中心粒的复制发生在哪期？(   )
A. G_1 B. S   C. G_2
D. M   E. G_0

2. 有丝分裂中，染色质浓缩，核仁、核膜消失发生在（   ）。
A. 前期   B. 中期   C. 后期
D. 末期   E. 间期

3. 核仁的消失发生在细胞周期的（   ）。
A. G_1 期   B. S 期   C. M 期
D. G_2 期   E. G_0

4. 在细胞周期的哪个时期，周期蛋白的浓缩最高？(   )
A. 晚 G_1 期和早 S 期   B. 晚 G_2 期和早 M 期
C. 晚 G_1 期和晚 G_2 期   D. 晚 M 期和晚 S 期
E. 以上都不是

5. 各种细胞周期时间不同，主要是由于（   ）。
A. S 期的差异   B. G_1 期长短不同   C. G_2 期长短不同
D. 分裂前期不同   E. 分裂中期不同

6. 推进细胞周期的一个关键时刻是（   ）。
A. G_1 期之末   B. S 期   C. G_2 期
D. 有丝分裂前期   E. G_0 期之初

7. cyclin A/B-Cdk1 的积累和激活是在（   ）。
A. G_0 期   B. G_2 期   C. S 期
D. M 期   E. G_1 期之末

8. 在染色体周期中，核复制完成发生于（   ）。
A. G_1 期   B. S 期   C. G_2 期
D. M 期   E. 晚 S 期

9. 体外培养的 M 期细胞对培养皿的黏着力（   ）。
A. 增强   B. 减弱   C. 无变化
D. 前期增强，后期减弱   E. 不受影响

10. 放线菌素 D 是 DNA 聚合酶合成抑制剂，如果培养的肿瘤细胞株中加入此试剂，则细胞不能进入（   ）。
A. G_1 期   B. S 期   C. G_2 期
D. M 期   E. G_0 期

11. 细胞周期中，决定一个细胞是分化还是增殖的限制点（R 点）位于（   ）。

A. G_1 期末　　B. G_2 期末　　C. M 期末

D. G_1 期　　　E. S 期

12. 在细胞周期中，变化最大的是（　　）。

A. G_1 期　　　B. S 期　　　C. G_2 期

D. M 期　　　　E. 早 G_1 期

13. 磷酸化调控细胞周期进程的是（　　）。

A. cyclin 和 Cdk 家族　　　B. CHO

C. 磷酸化酶 A　　D. 磷酸酶 B　　E. 核酸酶

14. 肿瘤抑制基因 $p53$ 编码的蛋白是（　　）。

A. 启动 DNA 合成　　　　B. 启动蛋白质的合成

C. 启动 RNA 的合成

D. 刺激 Cdk 抑制因子的基因转录，使损伤 DNA 的细胞停止在 G_1 期

E. 以上都不是

15. cAMP 对离体培养的细胞有（　　）。

A. 抑制细胞分裂的作用　　　B. 促进细胞增殖

C. 抑制和促进细胞分裂双重作用

D. 促进有丝分裂因子的合成　　　E. 促进触发蛋白的合成

16. 在细胞周期中，哪一时相最适合研究染色体的形态结构（　　）。

A. 间期　　　B. 前期　　　C. 中期

D. 后期　　　E. 末期

17. 在下列蛋白中，被称为裂殖酵母引擎的是（　　）。

A. cdc2　　　B. cdc28　　　C. cdc B

D. cdc D　　　E. cdc E

18. 对细胞增殖调控，下列哪种因素不起作用？（　　）

A. 基因　　　B. 生长因子　　　C. 胆固醇

D. 抑素　　　E. 周期蛋白

19. cAMP 的浓度和细胞增殖率的关系为（　　）。

A. cAMP 含量增高，细胞增殖率下降

B. cAMP 含量增高，细胞增殖率升高

C. cAMP 含量下降，细胞增殖率下降

D. cAMP 含量下降或增高与细胞增殖率无关

E. 以上都不是

20. 药物等因素作用于细胞周期的一个敏感点是（　　）。

A. 早 G_1 期之末　　B. G_2 期过渡期　　C. S 期之末

D. 早 S 期　　　E. 晚 S 期

21. 在 S 期启动中，起关键作用的是（　　）。

A. 周期蛋白 A（cyclin A）　　　B. 周期蛋白 B

C. S 期促进因子（SPF） D. 周期蛋白 B2
E. 周期蛋白 B3

22. 在 G_2 期合成的成熟促进因子（maturation promoting factor，MPF），它能使（　　）。
   A. 染色体变成染色质　　　　B. 使 DNA 螺旋
   C. 使染色质凝集　　　　　　D. 使细胞质分裂
   E. 以上都不是

23. 使细胞分裂停留在中期的药物是（　　）。
   A. 秋水仙素　　B. 细胞松弛素　　C. 氯霉素
   D. 放线菌素 D　　E. 紫杉醇

24. 最早观察到细胞分裂是在（　　）。
   A. 1665 年　　B. 1676 年　　C. 1838 年
   D. 1841 年　　E. 1855 年

25. 细胞周期引擎不包含如下周期蛋白（　　）。
   A. cyclin A　　B. cyclin B　　C. cyclin C
   D. cyclin D　　E. cyclin E

26. 蛋白质复合体 APC 和 SCF 都属于蛋白质泛素化酶系中的（　　）。
   A. E1　　B. E2　　C. E3
   D. E4　　E. E5

27. 生长因子中的细胞周期抑制因子是（　　）。
   A. EGF　　B. NGF　　C. IGF
   D. FGF　　E. TGF

28. 细胞周期的原动力是（　　）。
   A. 周期性基因表达　　　　B. 周期性蛋白质磷酸化
   C. 周期性蛋白质降解　　　D. 生长因子
   E. 细胞周期检查点

29. 肌肉中的大部分细胞属于（　　）。
   A. 增殖细胞　　B. 干细胞　　C. 休眠细胞
   D. 终末分化细胞　　E. 死细胞

30. G_1/S 转录因子 E2F 的结合抑制蛋白是（　　）。
   A. CKI　　B. p53　　C. p21
   D. Rb　　E. cdc25

（二）B 型题

1. A. 终末分化细胞　B. 淋巴细胞　C. G_0 期细胞　D. 周期中细胞
   ① 和上皮组织的基底细胞一样为继续增殖细胞的是（　　）。
   ② 暂时从 G_1 期离开细胞周期，停止细胞分裂，但在给予适当刺激后可以重新进

入周期进行分裂的细胞是（   ）。

③ 一旦生成后就不可逆地离开细胞周期的细胞，终身不再分裂的细胞（   ）。

④ 由于生化代谢不活跃，对药物不敏感，致使化疗不易取得好的效果，成为肿瘤复发的根源，是（   ）。

⑤ 存在于血液中，给予适当刺激，就能进入细胞周期的细胞是（   ）。

2. A. 开始合成 DNA 以及组成核小体结构的组蛋白及非组蛋白，合成 RNA 聚合酶等。

B. 着丝粒纵裂，染色单体相互分离，分别向两极移动，标志着后期的开始。

C. 合成 RNA 和蛋白质，微管蛋白，MPF。

D. 染色体达到最大的凝集状态，并排列在赤道面上形成赤道板。

E. 开始合成细胞生长所需要的各种 RNA、糖、脂等，RNA 的合成导致结构蛋白和酶蛋白等的形成，但是不合成 DNA。

① G_1 期的特点：（   ）。

② S 期的特点：（   ）。

③ G_2 期的特点：（   ）。

④ M 中期的特点：（   ）。

（三）X 型题

1. 细胞有丝分裂前期发生的事件有（   ）。

A. 确定分裂极   B. 染色质凝集   C. 染色体排列在赤道板上

D. 核膜消失   E. 核仁解体

2. 关于细胞周期正确叙述的是（   ）。

A. 间期经历时间比 M 期长   B. 间期细胞处于休止状态

C. 所有 RNA 从 G_1 期开始合成   D. 前期染色质凝集成染色体

E. M 期蛋白质合成减少

3. 细胞同步化的方法有（   ）。

A. 自然同步化   B. 选择同步化   C. 细胞沉降分离法

D. 诱导同步化   E. 中期阻断法

4. 肿瘤组织生长快的原因（   ）。

A. 细胞周期短   B. G_0 期细胞少   C. 增殖细胞少

D. 细胞周期失控   E. 肿瘤细胞增殖比率高

5. 参与细胞周期调控的基因（   ）。

A. *sis* 基因   B. *Rb* 基因   C. *cdc*28 基因

D. *p*53 基因   E. *ras* 基因

6. cyclin D 可与细胞中下列哪些蛋白激酶结合，发挥调控作用？（   ）

A. Cdk1   B. Cdk2   C. Cdk4

D. Cdk5   E. Cdk6

(四) 问答题

1. 什么是动粒微管？
2. 什么是周期蛋白？
3. G_1 期细胞有什么不同的去向？
4. 阐述细胞周期各时相的变化。
5. G_1 期的限制点（R 点）与细胞的增殖和前途有何关系？
6. 是否所有生物的细胞周期持续的时间都相同？主要差别在哪里？
7. 细胞周期中的限制点、DNA 复制检查点和纺锤体组装检查点分别起什么作用？

【参考答案】

(一) A 型题

1. B	2. A	3. C	4. C	5. B	6. A	7. B
8. D	9. B	10. B	11. D	12. D	13. A	14. D
15. A	16. C	17. A	18. C	19. A	20. A	21. C
22. C	23. A	24. B	25. C	26. C	27. E	28. A
29. D	30. D					

(二) B 型题

1. ① D ② C ③ A ④ C ⑤ B   2. ① E ② A ③ C ④ D

(三) X 型题

1. ABDE   2. ADE   3. ABCDE   4. BDE   5. ABCDE   6. CDE

(四) 问答题

1. 动粒微管也称着丝点微管，指在有丝分裂前期中，从纺锤体一极发出，其 A 端与着丝粒相连的微管。每个动粒可结合 20～30 根微管。

2. 周期蛋白（cyclin）是在细胞周期中浓度周期性升高和降低的一类蛋白质家族，可分为 A、B、C、D、E 等几大类。周期蛋白是细胞周期的关键调节分子，通过活化周期蛋白依赖激酶（Cdk）调节细胞周期各时相的转换与进行。

3. G_1 期细胞如果能越过 R 点，则将成为增殖细胞，特点是保持增殖能力，分化程度低，代谢水平高，对环境信号敏感，周期时间稳定，对机体建立和组织更新起重要作用。

如果不能越过 R 点，G_1 期细胞则可成为暂不增殖细胞，G_1 期可合成特异功能的 RNA 和蛋白质，使结构和功能发生分化，停止在 G_0 期，但未丧失增殖能力，对于机体创伤的恢复，组织再生和免疫功能有重要的作用。

G_1 期细胞也可转变为永不增殖的细胞，其结构和功能高度分化，丧失了增殖能力，始终停留在 G_0 期至衰老死亡。它们在机体中执行特殊的生理功能。

4. G_1 期（DNA 合成前期）：从细胞分裂完成到 DNA 合成开始前的阶段。是 DNA 合成前的准备时期，也是细胞生长的主要阶段。G_1 早期由于细胞大量合成 RNA 和进行核糖体组装，导致结构蛋白和酶的形成，这些酶控制着用于形成新细胞成分的代谢活动。进入 G_1 后期，则主要合成 DNA 复制所需的前体物质和酶类，如脱氧核苷酸及胸苷激酶等。这一时期细胞体积增大，核仁增大。

S 期（DNA 合成期）：从 DNA 合成开始到 DNA 合成结束的全过程，S 期是 DNA 进行复制的阶段，使体细胞的 DNA 含量增加一倍。S 期的主要特点是进行 DNA 复制及合成与 DNA 复制相关的酶和组蛋白，例如，胸苷激酶、胸苷酸合成酶、DNA 聚合酶等。同时还合成组蛋白。

G_2 期（DNA 合成后期）：从 DNA 合成结束到有丝分裂期开始之前的阶段，是细胞进入有丝分裂前的准备时期。主要特点是有丝分裂促进因子（M-phase promoting factor，MPF）的活化和微管蛋白等有丝分裂器组分的合成，为进入 M 期做准备。

M 期（有丝分裂期）：有丝分裂是遗传物质已经复制完备的母细胞，进一步将染色质加工、包装成染色体，并把它们均等地分配给成两个子细胞的过程。根据该过程出现的形态学特征，可划分为前期、中期、后期和末期四个时期。

前期：这一时期的主要表现是染色体的凝集、分裂极的确定的和核膜、核仁的解体。

中期：染色体最大程度地压缩，呈现出典型的中期染色体形态特征。在染色体微管的作用下，排列在细胞中部赤道面上形成赤道板。

后期：染色体的着丝粒发生断裂，姐妹染色单体在纺锤丝的牵引下分别移向两极。

末期：染色体到达细胞两极，即进入末期。此时染色体开始解旋伸展变为细丝，最后恢复成染色质状态。同时，核纤层蛋白去磷酸化，子细胞核膜重建。染色质上的核仁组织区也进行 rRNA 转录，进行核糖体亚单位的装配，核仁重新出现。

动物细胞质分裂：两个子细胞核形成后，细胞膜从中部凹陷形成分裂沟，继而细胞质分割成两部分，形成两个子细胞。

5. G_1 期是细胞分裂间期中非常重要的一个时期，是细胞周期中最长的时期，与细胞的增殖调控密切有关。G_1 期对一些环境因素有一敏感点，可以限制细胞通过周期，所以称其为限制点（R 点）。G_1 期的限制点是控制细胞增殖周期的关键，决定了细胞的三种不同的命运：

继续增殖的细胞，保持旺盛的增殖能力，分化能力低，代谢水平高，对环境信号敏感，周期时间稳定，对机体建立和组织更新起重要作用。

暂不增殖细胞，G_1 期可合成特异功能的 RNA 和蛋白质，使结构和功能发生分化，停止在 G_0 期，但未丧失增殖能力，对于机体创伤的恢复、组织再生和免疫功能有重要的作用。

永不增殖细胞，其结构和功能高度分化，丧失了增殖能力，始终停留在 G_0 期至衰老死亡。它们在机体中执行特殊的生理功能。

细胞一旦越过 R 点，就加速合成 DNA 复制所必需的各种前体物质和酶，同时 DNA 解旋酶和 DNA 合成启动因子也加剧合成，随之进入 S 期和分裂期完成整个有丝分裂过程。

6. 不同生物的细胞周期时间不同，同一系统中不同细胞其细胞周期的时间也有很大的差异。细胞周期所持续的时间一般为 12～32h，M 期所持续的时间较短，一般为 30～60min，分裂间期的时间跨度较长，根据细胞的类型和所处的生理条件不同而不同，有几小时、几天、几周或更长。例如，人的细胞周期约为 24h：有丝裂期 30min，G_1 期 9h，S 期 10h，G_2 期 4.5h。

一般说来，$S+G_2+M$ 的时间变化较小，主要差别在 G_1 期的长短。如消化系统中，小鼠食管和十二指肠上皮细胞，它们的细胞周期时间分别为 115h 和 15h，食管上皮细胞的 G_1 期长达 103h，而十二指肠上皮细胞的 G_1 期为 6h。

7. 限制点主要监测细胞的大小和环境状态，如果条件合适，就会激发 DNA 复制的准备工作。在一些真核生物（包括哺乳动物和芽殖酵母）中，限制点是决定细胞能否分裂的主要控制点。如果细胞被阻止在 G_1 期，可能会产生两种结果：一种是暂时停止生长，使 G_1 期延长，直到条件合适时再通过。另一种可能是使细胞进入 G_0 期，处于暂时休眠状态。某些调控蛋白要暂时降解，使细胞不分裂。休眠的 G_0 细胞要进入 G_1 期，必须要受到某些分裂原的刺激（分裂原或是外部的或内部合成的），然后合成某些必要的调控蛋白。某些休眠的细胞不能进入 G_1 期。

DNA 复制检查点主要在 G_2 期检查 DNA 复制到完整性以及 DNA 片段是否被重复复制。复制检查点机制使 Cdk1 保持抑制状态，保证在 DNA 复制和修复完成前不能启动 M 期。DNA 损伤严重时，还可启动细胞凋亡。

纺锤体组装检查点保证只有当中期染色体全部在赤道面排列整齐之后，才能启动染色单体分离的程序，从而确保染色体分配的准确性。

【学习方法】

在掌握细胞周期基本概念的基础上，学习细胞周期各期的基本事件、细胞周期的运行机制、细胞周期与发育和癌变的关系以及细胞周期研究方法。学习重点是细胞周期各阶段的主要事件和细胞周期引擎 cyclin-Cdk 系统。难点是细胞周期的运行机制和检查点机制。注意结合第二十一章第二节"有丝分裂"进行学习。

（昆明医学院 张 闻；四川大学 杨春蕾）

第二十三章 细胞分化

【教学要求】

(一) 掌握

(1) 细胞分化的概念和特点，细胞分化的分子机制。
(2) 细胞的全能性及应用。

(二) 熟悉

(1) 熟悉影响早期胚胎细胞决定的因素，细胞分化的影响因素。
(2) 熟悉细胞分化异常与细胞癌变关系。

(三) 了解

了解细胞分化常用的实验方法及手段，了解肿瘤细胞的分化特征。

【知识要点】

(一) 基本概念

(1) 细胞分化（cell differentiation） 细胞分化是指受精卵产生的同源细胞在形态、功能和蛋白质合成方面发生稳定性差异的过程，是选择性转录的结果。

(2) 细胞决定（cell determination） 细胞决定是指在胚胎三胚层期，在细胞之间出现可识别的形态和功能的差异之前，细胞受到约束而向着特定的方向分化，最终形成一定表型的细胞的能力；是细胞潜能逐渐受限的过程，是有关分化的基因选择性表达前的过渡阶段，具有高度的遗传稳定性。

(3) 细胞全能性（cell totipotency） 这是指单个细胞在一定条件下分化发育成为完整个体的能力。

(4) 全能性细胞（totipatent cell） 全能性细胞应该具有完整的基因组，可以表达基因库中任何基因，分化形成该个体任何种类细胞，如受精卵表现出最高的全能性。

(5) 多能细胞（pluripotency cell） 多能细胞指在受精卵发育到原肠胚细胞排列成三胚层后，分化潜能上开始出现一定的局限性，倾向于只发育为本胚层的组织器官，但仍具有发育成多种表型的能力的细胞。

(6) 单能细胞（unipotentce cell） 多能细胞经器官发生，各种组织细胞在形态上特化、功能上专一化，这时的细胞从多能转为稳定的单能细胞。

(7) 细胞分化的实质 细胞分化是基因选择性表达，产生特异性蛋白的过程。

(8) 持家基因（housekeeping gene） 持家基因指维持细胞最低限度的功能所不可缺少的基因，对细胞分化一般只起协助作用，这类基因在各类细胞的任何时间中持续表达，其表达不受时空的限制，如编码细胞分裂等蛋白的基因，由这些基因编码的蛋白称为持家蛋白。

(9) 奢侈基因（luxury gene） 奢侈基因指与各种分化细胞的特殊性状有直接关系的基因，丧失这种基因对细胞的生存并无直接影响。该类基因只在特定的分化细胞中表达，常受时间和空间的限制，如编码血红蛋白的基因，由这些基因编码的蛋白称为奢侈蛋白。

(10) 去分化（dedifferentiation） 已高度分化的细胞可以重新分裂而回复到未分化的状态，丧失细胞分化的特点。

(11) 转分化（transdifferentiation） 转分化指细胞从一种分化状态变为另一种分化状态。

(12) 基因差异性表达（differential gene express） 在个体发育分化过程中，这些基因并不全部表达，而是按一定的时空顺序转录生成不同的 mRNA，翻译出不同的蛋白质，即决定细胞特殊性状的基因（奢侈基因）按一定顺序相继活化表达的现象。

(13) 分化诱导（differentiation induction） 这是指在胚胎发育过程中，一部分细胞对邻近细胞的形态发生影响，并决定其分化方向的作用。

(14) 分化抑制（differentiation inhibition） 这是指在胚胎发育过程中，分化的细胞受到邻近的细胞产生的抑制物质的影响，其作用与诱导相对。

(二) 主要内容

(1) 在个体发育中，由一种相同的细胞类型经细胞分裂后逐渐在形态、结构和功能上形成稳定性差异，产生不同的细胞类群的过程。①细胞分化是选择性转录的结果，是生物发育的基础。一个细胞在不同发育阶段可以有不同的形态和功能，即时间上的分化；同一种细胞的后代，由于所处的环境不同，可以有相异的形态和机能，即空间上的分化。② 组合调控使组织特异性基因表达。人体有 200 多种不同类型的细胞，但没有 200 多种调控蛋白控制，实际上众多类型的细胞在分化时，只有少量调控蛋白来启动，这种调控机制称为组合调控。

(2) 影响细胞分化的因素：①细胞核和细胞质的相互作用对分化的影响；②诱导和抑制对分化的影响；③激素和细胞黏合分子对分化的作用；④位置信息对分化的影响。

(3) 细胞分化和癌细胞：①肿瘤细胞的增殖特点。通常把恶性增殖并且有侵袭性和广泛转移能力的肿瘤细胞称为癌细胞；高度恶性的细胞其形态结构显示迅速增殖细胞的特征，细胞核大、核仁数目多、细胞质以大量的游离核糖体为主，这些都与活跃的合成细胞增殖所必需的结构物质有关；体外培养的癌细胞失去了正常细胞原有的最高分裂指数的限制（一般传代不超过50次），成为"永生性"的细胞系。②肿瘤细胞的分化。肿瘤细胞缺少甚至缺如正常分化细胞的能力，表现为去分化。③癌基因与细胞癌变。正常细胞原癌基因（受致癌因素或另一癌基因影响发生突变）激活后表达异常，导致细胞恶性增殖。癌基因产物是对细胞增殖和分化加以调控的蛋白质，包括生长因子、生长因子受体、酶或其他调控蛋白。

【练习题】

（一）A 型题

1. 一种类型的分化细胞转变成另一种类型的分化细胞的现象称为（　　）。
   A. 去分化　　B. 再分化　　C. 转分化
   D. 逆向分化　　E. 以上都不是

2. 一个分化细胞在某种条件下失去了特有的结构和功能，而变成未分化细胞特征的过程称为（　　）。
   A. 细胞凋亡　　B. 癌变　　C. 再分化
   D. 去分化　　E. 以上都是

3. 维持细胞生存所必需的最基本的基因是（　　）。
   A. 管家基因　　B. 结构基因　　C. 调节基因
   D. 奢侈基因　　E. 以上都不是

4. 一个细胞在不同的发育阶段可以有不同的形态结构、生化特性及生理功能，这是（　　）。
   A. 空间上的分化　B. 时间上的分化　C. 细胞分化
   D. 发育　　E. 细胞的适应性

5. 在动物组织中，细胞分化的一个普遍原则是细胞一旦转化为一个稳定的类型之后（　　）。
   A. 不能逆转到未分化状态　　B. 可逆转到未分化状态
   C. 不能逆转到分化状态　　D. 可逆转到分化状态
   E. 以上都不是

6. 细胞分化本质是（　　）。
   A. 基因转录的结果　　B. 基因复制造成的
   C. 选择性转录的结果　　D. 基因选择性表达的结果
   E. 以上都不是

7. 管家基因是指（　　）。
   A. 与分化细胞特殊性质有间接关系的基因
   B. 与分化细胞特异性状有直接关系的基因
   C. 维持细胞生存所必需的基因
   D. 与细胞生存无关的基因

E. 调节基因表达的基因

8. 奢侈基因是指（　　）。

A. 与分化细胞特异性状有间接关系的基因

B. 决定分化细胞特定的形态、结构、生化特征及功能的基因

C. 维持细胞生存所必需的基因　　　D. 控制基因组表皮的基因

E. 以上都不是

9. 从体细胞克隆高等哺乳动物的成功说明了（　　）。

A. 体细胞的全能性　　　　　　B. 体细胞去分化还原性

C. 体细胞核的全能性　　　　　D. 体细胞核的去分化还原性

E. 分化细胞特有的功能性

10. 机体发育过程主要是以（　　）。

A. 细胞的增殖为基础　　　　　B. 细胞的生长为基础

C. 细胞的发育为基础　　　　　D. 细胞增殖和细胞分化为基础

11. 细胞分化中，为什么具有相同基因组成的细胞会表现出不同的性状？（　　）

A. 全部基因有序地表达　　　　B. 全部基因无序地表达

C. 基因选择性表达　　　　　　D. 基因随机表达

12. 下列关于细胞分化与癌变的关系，哪种说法不正确？（　　）

A. 癌细胞是细胞在已分化基础上更进一步的分化状态

B. 癌细胞可以诱导分化为正常细胞

C. 细胞癌变是细胞去分化的结果

D. 癌变是癌基因表达减弱的结果

13. 对细胞分化远距离调控的物质是（　　）。

A. 细胞诱导　　B. 细胞抑制　　C. 糖分子　　D. 激素

14. 按分化潜能下列细胞发展方向正确的是（　　）。

A. 骨髓细胞前体细胞→前成红细胞→成红细胞→网织红细胞→红细胞

B. 前成红细胞→网织红细胞→成红细胞→骨髓细胞前体细胞→红细胞

C. 骨髓细胞前体细胞→网织红细胞→前成红细胞→成红细胞→红细胞

D. 前成红细胞→成红细胞→网织红细胞→骨髓细胞前体细胞→红细胞

15. 脊索可诱导其上方的外胚层细胞分化形成神经管，这种现象是（　　）。

A. 近距离作用　　　　　　　　B. 胚胎诱导

C. 位置效应　　　　　　　　　D. 细胞的记忆与决定

16. 细胞核对细胞分化（　　）。

A. 具有记忆能力　B. 无记忆能力　　C. 可指导分化方向　D. 有决定作用

17. 受精卵能发育成一个完整的个体，这种能发育形成完整个体的潜能为（　　）。

A. 单能性　　　B. 多能性　　　C. 全能性　　　D. 发育性

18. 细胞决定与细胞分化的关系是（　　）。

A. 决定先于分化　　　　　　B. 分化先于决定
C. 两者相互促进　　　　　　D. 两者相互制约

19. 下列基因除了（　　）都是管家基因。
A. 组蛋白基因　　　　　　　B. 核糖体蛋白基因
C. 线粒体内膜蛋白基因　　　D. 肌球蛋白基因

20. 神经组织细胞的来源是（　　）。
A. 外胚层　　　B. 中胚层　　　C. 内胚层　　　D. 滋养层

(二) B 型题

1. A. 细胞分裂　B. 减数分裂　C. 分离
   D. 分化　　　E. 去分化
① 生物体细胞数目的增加通过（　　）完成。
② 生物体细胞种类的增加通过（　　）完成。
③ 分化细胞重新分裂回复到胚性细胞这种现象是（　　）。

2. A. 全能细胞　B. 单能细胞　C. 多能细胞
   D. 终末分化细胞　　　　　E. 以上细胞都不是
① 受精卵属于（　　）。
② 成熟红细胞属于（　　）。
③ 骨髓间充质干细胞属于（　　）。

3. A. 核仁　　　B. 细胞核　　C. 染色质
   D. 脂褐质　　E. 线粒体
① 衰老细胞的特征之一是常出现哪种结构的固缩？（　　）
② 衰老细胞质中含有较多的（　　）。

4. A. 血红蛋白　B. 角蛋白　　C. 收缩蛋白
   D. 分泌蛋白　E. 核糖体蛋白
① 腺细胞产生的特异蛋白是（　　）。
② 以上哪种蛋白属于持家蛋白？（　　）

(三) X 型题

1. 细胞全能性的含义是（　　）。
A. 机体内的每个细胞都具有整套基因
B. 具有发育成为一个个体的能力
C. 任何一种未分化的细胞都有分化为各种细胞的可能，分化细胞则不能
D. 细胞的分化完全受核控制与原生质无关
E. 以上都不是

2. 关于细胞分化的叙述，错误的是（　　）。
A. 分化是因为遗传物质的丢失

B. 分化是因为基因的扩增
C. 分化是因为基因重组
D. 分化是转录水平的调控
E. 分化是翻译水平的调控

3. 细胞分化的关键和实质在于（   ）。
A. 特异性蛋白质的合成　　　　B. 细胞记忆
C. 基因选择性表达　　　　　　D. 转录水平的调控
E. 翻译水平的调控

4. 一种类型的分化细胞转变成另一种类型的分化细胞一般要经历的过程是（   ）。
A. 去分化　　　B. 再分化　　　C. 形态改变
D. 细胞成分和代谢的改变　　　E. 以上都不是

（四）问答题

1. 什么是基因的差别表达？在细胞分化中有什么作用？
2. 什么是细胞决定？与细胞分化的关系如何？
3. 说明细胞核全能性与细胞全能性的异同。

【参考答案】

（一）A 型题

1. C	2. D	3. A	4. B	5. A	6. D	7. C
8. B	9. C	10. D	11. C	12. C	13. D	14. A
15. B	16. D	17. C	18. A	19. D	20. A	

（二）B 型题

1. ① A　② D　③ E　2. ① A　② D　③ C　3. ① B　② D　4. ① D　② E

（三）X 型题

1. AB　2. ABCE　3. AC　4. AB

（四）问答题

1. 分化的细胞虽然保留了全套的遗传信息，但是细胞分化主要是组织特异性基因中某些种（或某些）特定基因的选择性表达的结果，这些蛋白和分化细胞的特异性状密切相关；另外，分化细胞间的差异往往是一群基因表达的差异，而不仅仅是一个基因表达的差异。在基因的差异表达中，包括结构基因和调节基因的差异表达，差异表达的结构基因受组织特异性表达的调控基因的调节。

2. 细胞决定（cell determination）是指细胞在发生可识别的形态变化之前，就已受到约束而向特定方向分化，这时细胞内部已发生变化，确定了未来的发育命运，这就是决定。

多细胞个体起源于一个单细胞受精卵，从受精卵衍生出整个机体的各种组织器官。就分化潜能来说，受精卵是全能的。在绝大多数情况下，受精卵通过细胞分裂直到形成囊胚之前，细胞的分化方向尚未决定。从原肠胚细胞排列成三胚层之后，各胚层在分化潜能上开始出现一定的局限性，只倾向于发育为本胚层的组织器官。经过器官发生，各种组织的发育命运最终决定，在形态上特化，在功能上专一化。细胞决定可看作分化潜能逐渐限制的过程，决定先于分化。

3. 细胞全能性是指细胞经分裂和分化后仍具有产生完整有机体的潜能或特性。细胞核全能性是将细胞核植入到去核的卵子中去，可以发育成形态结构和功能完整的成体的特性。二者的相同性在于都是细胞质成分的决定作用；全能性都是指可以分化成完整的有机体。而细胞的全能性是相对多潜能和单能细胞而言；是整个细胞，包括受精卵、早期胚胎细胞和植物细胞。细胞核全能性是相对于细胞质而言，指细胞核；几乎所有的细胞核，甚至终末分化细胞核都有全能性。

（四川大学　胡火珍）

第二十四章　细胞衰老和死亡

【教学要求】

(一) 掌握

(1) 细胞衰老的概念，结构变化。细胞衰老的主要表现。
(2) Hayflick 界限的概念和要点。
(3) 细胞凋亡与细胞坏死的概念，细胞凋亡的形态结构变化，生化特征。

(二) 熟悉

熟悉 Caspase 家族，*bcl*-2，*p*53 分别与凋亡发生的关系。

(三) 了解

了解细胞衰老的机制，细胞凋亡的信号转导。

【知识要点】

(一) 基本概念

(1) 细胞衰老 (cellular aging, cell senescence)　细胞衰老是细胞内部结构的衰变而导致细胞生理功能出现衰退性。在正常情况下随着年龄的增加，机能减退，内环境稳定性降低，细胞的生理功能衰退或丧失，细胞趋向死亡，机体衰老，死亡。这是一个不可逆的过程。

(2) Hayflick 界限 (Hayflick life span)　Hayflick 界限指细胞，至少是培养的细胞，不是不死的，而是有一定的寿命的；它们的增殖能力不是无限的，而是有一定界限的。

(3) 细胞死亡 (cell death)　细胞死亡的一般定义是细胞生命现象不可逆的停止。细胞死亡有两种形式：一种为坏死 (necrosis)，是由外部的化学、物理或生物因素的侵袭而造成的细胞崩溃裂解；另一种为程序性死亡 (programmed cell death)，是细胞在一定的生理或病理条件下按照自身的程序结束其生存。多细胞生物随时都在进行着有规律的程序化细胞死亡，如人类的淋巴细胞系统、神经系统等。

(4) 细胞凋亡 (apoptosis)　细胞为维持内环境稳定，由基因控制的细胞自主有序的生理性或病理性死亡过程。

(5) 凋亡小体 (apoptotic body)　编程性细胞死亡的核 DNA 在核小体连接处断裂成核小体片段，并向核膜下或中央异染色质区聚集形成浓缩的染色质块。随着染色质的不断聚集，核纤层断裂消失，核膜在核孔处断裂，形成核碎片。同时在程序性死亡过程中，由于不断脱水，细胞质不断浓缩，细胞体积减小。凋亡细胞经核碎裂形成染色质块（核碎片），然后整个细胞通过发芽、起泡等方式形成一个球形的突起，并在其根部绞窄而脱落形成一些大小不等、内含胞质、细胞器及核碎片的小体，这被称为凋亡小体。

(二) 主要内容

1. 细胞衰老的特征

（1）细胞内水分减少，致使细胞脱水收缩，体积变小。

（2）膜黏度增加，流动性降低。

（3）细胞结构的改变。①细胞核发生改变：随着细胞培养时间的增加，传代次数增加或年龄增长，核膜内折现象明显增多；染色质固缩化；核仁裂解为小体。②线粒体的老化：线粒体的老化是细胞衰老的重要原因之一。细胞中线粒体的数量随年龄的增加而减少，体积则随年龄的增大而增大。衰老细胞线粒体嵴排列紊乱，表现出菱形嵴、纵形嵴和嵴溶解等现象。线粒体内膜表现为通透性增强，功能出现障碍。③衰老细胞中糙面内质网的总量似乎减少。④溶酶体酶活性降低，老化的溶酶体可消化分解自身细胞的某些物质，导致细胞死亡。⑤随着细胞衰老的进程，G 肌动蛋白含量下降、微丝数量减少，结构和成分发生改变，核骨架改变。这使微丝对膜蛋白的运动作用失衡，对受体介导的信号转导系统发生改变，影响细胞表面大分子物质的表达和核内转录。⑥细胞外基质大分子交联增加。⑦致密体的生成。

2. 与衰老有关的基因

编码 DNA 解旋酶的人 WRN 基因和酵母中 $SGS1$ 基因是保证细胞正常生命周期所必需的，如果发生突变，会引起衰老提前发生和寿命缩短。

3. 细胞衰老学说

（1）衰老的遗传学说。该学说认为衰老是遗传控制的主动过程。细胞核基因组内存在遗传"生物钟"。一切生理功能的启动和关闭、生物体的生长、发育、分化、衰老和死亡都是按照一定程序进行及控制的。寿命受基因控制，机体存在"衰老基因"、"衰老相关基因"和"长寿基因"。

（2）衰老的损伤积累学说。细胞衰老是各种细胞成分在受到内外环境的损伤作用后，因缺乏完善的修复，使"差错"积累，导致细胞衰老。

这包括：①代谢废物积累学说；②自由基学说；③线粒体 DNA 突变学说等。

（3）端粒是真核细胞染色体末端的一种特殊结构，具有维持染色体结构完整性和稳定性的作用，在体细胞分裂过程中，由于不能被 DNA 聚合酶完全复制而逐渐变短。

端粒学说由 Olovmikov 提出，认为细胞在每次分裂过程中都会由于 DNA 聚合酶功能障碍而不能完全复制它们的染色体，因此，端粒 DNA 序列逐渐丢失，最终造成细胞衰老死亡。

(4) 神经免疫网络论。下丘脑被认为是人体的"衰老生物钟",下丘脑的衰老是导致神经内分泌器官功能衰老的中心环节。由于下丘脑垂体-内分泌腺系统的功能衰老,机体表现出一系列内分泌功能下降的现象。其中包括生殖与性功能衰退。随着下丘脑的衰老,免疫系统功能也衰退,尤其是胸腺随年龄增长而体积缩小。

4. 细胞死亡

细胞发育到一定的阶段就会死亡,细胞死亡如同细胞的生长、增殖、分化一样是细胞的生命现象,分为程序性细胞死亡和坏死两种类型。

细胞凋亡与基因有关。在线虫中与细胞凋亡有关的基因有:①正调控基因 ced-3、ced-4;②负调控基因 ced-9。当 ced-9 激活时 ced-3 和 ced-4 被抑制,则细胞存活;当 ced-9 基因无活化时,ced-3 和 ced-4 激活,导致细胞的程序性死亡,这是一组与细胞死亡直接相关的决定基因。

在哺乳动物和人的细胞中与细胞凋亡有关的基因是:① 促进细胞增殖的基因:c-myc、c-abl、H-ras 相关基因;② 促进细胞存活的基因:bcl-2(与 ced-9 相似)、ELB、c-kit;③ 细胞增殖抑制基因:$p53$ 基因、RB 基因、WY-1;④ 促进细胞死亡的基因:Bax 、$TRPN$-2 / SGP-2、ICE(ced-3 相似)、$Apaf$-1(Ced-4 相似)。

【练习题】

(一) A 型题

1. 下列细胞中,(　　)是快速分裂的细胞。
   A. 神经元   B. 唾液腺细胞
   C. 肝细胞   D. 红细胞和白细胞

2. 下列哪一种不是程序性细胞死亡的特征?(　　)
   A. 核 DNA 在核小体连接处断裂成核小体片段
   B. 核纤层断裂消失
   C. 细胞通过发芽、起泡等方式形成一些球形的突起
   D. 细胞破裂,内容物被释放

3. 细胞凋亡的一个重要特点是(　　)。
   A. DNA 随机断裂   B. DNA 发生核小体间的断裂
   C. 70S 核糖体的 rRNA 断裂   D. 80S 核糖体的 rRNA 断裂

4. 下列哪项不属细胞衰老的特征?(　　)
   A. 原生质减少,细胞形状改变
   B. 细胞膜磷脂含量下降,胆固醇含量上升
   C. 脂褐素减少,细胞代谢能力下降
   D. 核明显变化为核固缩,常染色体减少

5. 癌细胞通常由正常的细胞转化而来,与原来的细胞相比,癌细胞(　　)。
   A. 分化程度高   B. 分化程度低

C. 分化程度差不多　　　　　　D. 成为了干细胞

6. 机体内寿命最长的细胞是（　　）。

A. 红细胞　　　　　　　　　B. 表皮细胞

C. 干细胞　　　　　　　　　D. 神经细胞

7. 对于体外培养的人体细胞，决定其衰老的主要因素是（　　）。

A. 细胞培养的外环境　　　　B. 细胞核

C. 细胞质　　　　　　　　　D. 细胞膜

8. 细胞凋亡指的是（　　）。

A. 机体细胞程序性死亡　　　B. 细胞因衰老而导致的死亡

C. 细胞因损伤而导致的死亡　D. 细胞因遭病毒感染而死亡

9. 下列哪个学说与细胞衰老无关？（　　）

A. 自由基学说　　　　　　　B. 端粒缩短学说

C. 克隆选择学说　　　　　　D. 遗传程序学说

10. 有关 caspase，以下哪项不正确？（　　）

A. 一组存在于胞质溶胶中的结构上相关的半胱氨酸蛋白酶

B. 特异地断开天冬氨酸残基后的肽键

C. 切割天冬氨酸残基后的肽键使某些蛋白活化或失活

D. caspase 存在于细胞基质中

（二）B 型题

1. A. 细胞分裂　B. 减数分裂　C. 分离　D. 分化　E. 逆分化

① 生物体细胞数目的增加通过（　　）。

② 生物体细胞种类的增加通过（　　）。

③ 分化细胞重新分裂回复到胚性细胞这种现象（　　）。

2. A. *c-myc*　B. *bcl-2*　C. *p*53　D. *Bax*

① 细胞生长抑制基因是（　　）。

② 促进细胞分裂的基因是（　　）。

③ 促进细胞存活的基因是（　　）。

④ 细胞死亡促进基因是（　　）。

（三）X 型题

1. 诱导细胞凋亡的因子有（　　）。

A. 物理性因子　　　　　　　B. 化学性因子

C. 激素和生长因子失衡　　　D. 微生物因素

2. 致密体是细胞衰老中常见的一种结构，它是由（　　）等细胞器转化而来。

A. 溶酶体　　　　　　　　　B. 内质网

C. 高尔基复合体　　　　　　D. 线粒体

3. 体内细胞衰老过程中内膜系统的变化是（　　　）。

A. 糙面内质网排列不规则　　　　B. 糙面内质网减少

C. 高尔基复合体增加　　　　　　D. 溶酶体增加

4. 体内衰老细胞的细胞核（　　　）。

A. 缩小　　　　　　　　　　　　B. 固缩

C. 折光率增高　　　　　　　　　D. 核膜内折

（四）问答题

1. 什么是 Hayflick 界限？
2. 什么是细胞衰老？细胞衰老有哪些特征？
3. 细胞凋亡与坏死有何区别？

【参考答案】

（一）A 型题

1. C　2. D　3. B　4. C　5. B　6. D　7. B　8. A　9. C　10. D

（二）B 型题

1. ①A　②D　③E　　2. ①E　②A　③B　④D

（三）X 型题

1. ABCD　2. AB　3. ABCD　4. ABCD

（四）问答题

1. 1961 年，Hayflick 和 Moorhead 报告说，体外培养的人二倍体细胞随着传代表现出明显的衰老、退化和死亡的过程。若以 1∶2 的比率连续进行传代（群体倍增），则平均只能传代 40～60 次，此后细胞就逐渐解体并死亡。他们的研究表明，细胞，至少是培养的细胞，不是不死的，而是有一定寿命的，它们的增殖能力不是无限的，而是有一定的界限的。这就是 Hayflick 界限（Hayflick limitation）。

2. 细胞的衰老一般指细胞的形态、结构、生理功能逐渐衰退的现象。细胞衰老主要表现在：一是细胞内水分减少，细胞收缩，原生质脱水，体积减小，代谢减慢；二是细胞膜结构中磷脂含量下降，流动性下降；三是细胞器发生变化，线粒体数目减少，体积肿胀，嵴退化，并出现空泡，内质网逐渐较少，合成下降，高尔基复合体肿胀，功能减退；四是脂褐色素的沉积，溶酶体功能减退，不能全部分解细胞摄入的大分子物质，也不能及时将其排出；另外细胞核膜内折，染色质呈异固缩，DNA 受到损害，转录活性降低，核质比例减小。

3. 细胞凋亡与细胞坏死的区别主要有以下几个方面：①概念上，细胞凋亡是基因控制的自主过程，表现为细胞缩小，核内染色质浓缩，核质边缘化，膜发泡，凋亡小体形成。细胞坏死是细胞非自主过程，质膜丧失完整性和化学梯度，细胞质内容物外泄引起细胞溶解死亡。②在形态学上，细胞凋亡细胞皱缩，与邻近细胞连接丧失，细胞膜完整，鼓泡，形成凋亡小体，细胞器完整，细胞核固缩，染色质边缘化，线粒体肿胀，通透性增加，细胞色素C释放。细胞坏死则是细胞肿胀，形态不规则，细胞膜溶解或通透性增加，色质不规则转移，线粒体肿胀，破裂。③生化特征方面，细胞凋亡时，核小体DNA断裂成约185bp的片段，而坏死细胞DNA随机断裂成大小不等片段。④凋亡细胞最后被吞噬细胞吞噬，而坏死细胞的内容物溶解释放到组织中。

（四川大学　胡火珍　杨春蕾）

第二十五章　干细胞及其应用

【教学要求】

(一) 掌握

(1) 干细胞的概念和分类。
(2) 干细胞形态和生化特征、分化特征。
(3) 胚胎干细胞的定义和生物学特征。

(二) 熟悉

(1) 成体干细胞的种类。
(2) 肿瘤干细胞的概念和来源。

(三) 了解

(1) 干细胞增殖和分化的调控。
(2) 干细胞的应用。
(3) 肿瘤干细胞学说。

【知识要点】

(一) 基本概念

(1) 干细胞（stem cell，SC）　干细胞是指具有无限或较长期的自我更新（self-renewal）能力并能产生至少一种高度分化子代细胞的细胞。

(2) 全能干细胞（totipotent stem cell，TSC）　这是指能发育成为一个完整个体的原始细胞。受精卵和人体 8 细胞～16 细胞以前的卵裂球都是全能干细胞。

(3) 多能干细胞（pluripotent stem cell）　这是指来源于早期囊胚腔的内细胞团的细胞，虽然失去了发育成完整个体的能力，但理论上仍具有分化成个体中各种细胞的潜能，分化潜能很"宽"，如胚胎干细胞。

(4) 单能干细胞（monopotent stem cell）　单能干细胞也称专能干细胞（committed stem cell），是指只能向密切相关的一种或两种类型的细胞分化，如上皮组织基底层的干细胞、肌肉中的成肌细胞等。

(5) 胚胎干细胞（embryonic stem cell，ES cell）　这是指从着床前的内细胞团（inner cell mass，ICM）或原始生殖细胞（primordial germ cell，PGC）获得的具有多潜能性，可以发育成为各种细胞，同时又可保持不分化状态持续生长的一类克隆细胞系。

(6) 诱导性多能干细胞（induced pluripotent stem cell, iPS cell）　利用基因工程等方法可将原来不具有干细胞特性的细胞诱导成具有胚胎干细胞特性的多能干细胞。

(7) 成体干细胞（somatic stem cell）　在成体组织或器官中，存在的具有自我更新及分化产生不同组织细胞能力的细胞，如造血干细胞、神经干细胞等。

(8) 神经干细胞（neural stem cell, NSC）　神经系统中存在的部分原始细胞仍具有自我更新和增殖能力，而且在特定因素影响或诱导下，可向神经元和神经胶质细胞分化，称为神经干细胞。

(9) 骨髓基质干细胞（bone marrow stromal stem cell, bMSC）　这也称骨髓间充质干细胞，形成于发育中的骨髓腔。骨髓基质干细胞在尚未建立造血功能的骨髓中，分裂旺盛，类似前成骨细胞。在具造血功能的骨髓中，骨髓基质干细胞是静止的，在适宜的诱导条件下，能分化为造血实质细胞和基质细胞，还可分化为造血以外的细胞，特别是中胚层和神经外胚层细胞。

(10) 肿瘤干细胞（cancer stem cell, CSC）　这是指存在于肿瘤组织中的一小部分具有干细胞性质的肿瘤细胞群体，它具有自我更新的能力，是形成不同分化程度肿瘤细胞和肿瘤不断扩大的源泉。

(二) 主要内容

(1) 干细胞的分类：①根据其分化潜能分为全能干细胞、多能干细胞和单能干细胞。②根据其所处的发育阶段分为胚胎干细胞和成体干细胞。

(2) 干细胞的生物学特征。干细胞具有较高的端粒酶活性；不同的干细胞一般具有不同的生化标志；一般情况处于休眠或缓慢增殖状态，当其接受刺激时进行分化；干细胞的分裂方式为对称分裂和不对称分裂；干细胞随着个体发育的进行，其分化方向趋于增多，分化潜能也趋于变"窄"。

(3) 干细胞增殖和分化的调控。内源性转录调控因子的调控；细胞微环境的调控。

(4) 胚胎干细胞。

① 生物学特性。细胞较小，核型正常；增殖迅速；进行体外培养时，常用饲养层细胞（feeder cell layer）培养体系；胚胎阶段特异性抗原（stage-specific embryonic antigen, SSEA）常作为 ES 细胞鉴定的一个标志，碱性磷酸酶常作为鉴定 ES 细胞分化与否的标志之一；ES 细胞具有多潜能性，可分化为内、中、外三个胚层的细胞。

② 胚胎干细胞定向诱导分化。细胞因子诱导法；标记基因筛选法。

③ 胚胎干细胞的应用。主要应用在基因功能研究、发育机制的研究、药物检测系统、细胞替代疗法和组织器官移植等方向。

④ 诱导性多能干细胞。

(5) 成体干细胞。

① 成体干细胞是在成体组织内具有自我更新能力及能分化产生1种或1种以上子代组织细胞的未成熟细胞，如造血干细胞、神经干细胞、间充质干细胞、皮肤干细胞、肠干细胞、肝干细胞、生殖干细胞等。

② 神经干细胞具有分化为神经元、星形胶质细胞和少突胶质细胞的能力，能自我更新并足以提供大量脑组织细胞的细胞，主要应用于神经系统的再生和发育神经学的研究。

③ 骨髓基质干细胞，也称骨髓间充质干细胞，取材方便，容易在体外培养，具多向分化潜能，是组织工程和细胞治疗的理想种子细胞。间充质干细胞易于外源基因的表达，且所携带外源基因的表达具有明显的组织特异性，因此间充质干细胞有可能成为一种新型的基因治疗的靶细胞。

(6) 肿瘤干细胞。

① 肿瘤干细胞学说。肿瘤组织中存在极少量在肿瘤中充当干细胞角色的肿瘤细胞，具有无限增殖的潜能，在启动肿瘤形成和生长中起着决定性作用，而其余的大多数细胞经过短暂的分化，最终死亡。

② 肿瘤干细胞的来源。①干细胞起源假说。干细胞积累多次突变，从而演变为肿瘤干细胞。②分化祖细胞和成熟体细胞起源假说。由已分化祖细胞以及发生逆向分化的成熟体细胞演变为肿瘤干细胞。③异常的融合细胞假起源说。肿瘤细胞之间或致瘤细胞与正常细胞（包括正常干细胞）之间发生的细胞融合，将导致遗传物质重组和发生变化，从而转变为肿瘤干细胞。

【练习题】

(一) A 型题

1. 下列干细胞中，（　　）是单能干细胞。
   A. 上皮组织基底层的干细胞　　B. 早期胚胎内细胞团
   C. 造血干细胞　　D. 成骨干细胞
   E. 以上都不是

2. 神经干细胞的标识分子是（　　）。
   A. 角蛋白　　B. 微管蛋白　　C. 胶原蛋白
   D. nestin　　E. 组蛋白

3. 下列关于干细胞的叙述，哪项是错误的？（　　）
   A. 具有分裂增殖能力　　B. 具有分化的潜能
   C. 端粒酶活性较低　　D. 具有自我更新的能力
   E. 以上都不是

4. 临床上应用最多的造血干细胞的标志是（　　）。
   A. $CD34^+$　　B. $CD38^-$　　C. $HLA\text{-}DR^+$

D. CD71⁻　　　E. CD45RA⁻

5. 生物体的各种类型细胞中，表现最高全能性的细胞是（　　）。

    A. 体细胞　　B. 生殖细胞　　C. 干细胞

    D. 受精卵　　E. 癌细胞

6. 造血干细胞分化为脑星型胶质细胞和红细胞是指（　　）。

    A. 干细胞的再分化　　　　　　B. 干细胞的去分化和转分化

    C. 干细胞的转分化和分化　　　D. 干细胞的去分化

    E. 干细胞的分化

7. 胚胎干细胞是（　　）。

    A. 未分化的多能性细胞，可以分化为外、中、内三种胚层

    B. 具有分化成为内胚层的潜能，但不具有分化为外胚层的潜能

    C. 具有分化成为中胚层的潜能，但不具有分化为内胚层的潜能

    D. 具有分化成为外胚层的潜能，但不具有分化为内胚层的潜能

    E. 具有分化成为外、中、内三种胚层的全能性细胞

8. 成体干细胞不包括（　　）。

    A. 胚胎干细胞　　B. 造血干细胞　　C. 神经干细胞

    D. 间充质干细胞　E. 肠干细胞

9. 美国和日本两个独立研究小组分别宣布，他们成功地将人体皮肤细胞改造成了几乎可以和胚胎干细胞相媲美的干细胞。下列关于胚胎干细胞的叙述，不正确的是（　　）。

    A. 胚胎干细胞的分化程度很低

    B. 利用人体皮肤细胞"仿制"出胚胎干细胞的过程属于脱分化

    C. 利用干细胞治疗疾病涉及基因的选择性表达

    D. 胚胎干细胞即可进行有丝分裂，也能进行减数分裂

    E. 利用人体皮肤细胞"仿制"出胚胎干细胞的可能是利用了基因工程的技术手段

10. 下面关于骨髓间充质干细胞说法错误的是（　　）。

    A. 存在于骨髓腔中

    B. 在正常生理条件下分裂旺盛

    C. 具有分化为造血实质细胞和基质细胞的潜能

    D. 具有分化为中胚层和神经外胚层细胞的潜能

    E. 容易在体外进行培养

11. 关于干细胞的不对称分裂，下面说法正确的是（　　）。

    A. 分裂产生两个不同大小的子代干细胞

    B. 分裂产生两个不同核型的子代干细胞

    C. 分裂产生两个不同功能的子代干细胞

    D. 分裂产生两个不同大小的子代分化细胞

E. 产生1个子代干细胞和1个子代分化细胞

(二) B型题

1. A. 缓慢性和自稳定性　　B. 分化潜能
   C. 对称分裂和不对称分裂 D. 端粒酶活性
   E. 分离

① 干细胞的增殖特性是（　　）。
② 干细胞的分化特性之一是（　　）。
③ 干细胞的分裂方式是（　　）。
④ 干细胞具有的酶特性之一是（　　）。

2. A. 骨髓基质干细胞　　　B. 胚胎干细胞
   C. 成体干细胞　　　　　D. 神经干细胞
   E. 肿瘤干细胞

① 上述干细胞中，分化潜能最宽的是（　　）。
② 不能分化为神经细胞的是（　　）。
③ 来源最广泛，最容易获得的干细胞是（　　）。
④ 细胞替代疗法和组织器官移植的最佳来源是（　　）。

(三) X型题

1. 关于胚胎干细胞的叙述，哪些是错误的？（　　）
   A. 具有单一分化潜能的细胞
   B. 可以在体外无限扩增并保持未分化状态的细胞
   C. 通常是从囊胚期胚胎细胞的内细胞团获得的
   D. 端粒酶活性降低
   E. 可以分化成一个完整的个体

2. 干细胞分裂方式是（　　）。
   A. 有丝分裂　　B. 减数分裂　　C. 对称分裂
   D. 不对称分裂　E. 无丝分裂

3. 干细胞分化特征是（　　）。
   A. 分化潜能　　B. 转分化潜能　C. 去分化潜能
   D. 不稳定性　　E. 周期性

4. 干细胞的增殖特性是（　　）。
   A. 缓慢性　　　B. 高效性　　　C. 自稳定性
   D. 周期性　　　E. 以上都不是

5. 目前了解的肿瘤干细胞的来源主要有（　　）。
   A. 正常干细胞突变　　　　B. 已分化祖细胞
   C. 成熟体细胞　　　　　　D. 生殖细胞

E. 细胞融合

(四) 问答题

1. 什么是干细胞,有哪些类型?
2. 简述干细胞的形态特点。
3. 从无脊椎动物和哺乳动物两个方面分别说明干细胞增殖的自稳定性。
4. 什么是胚胎干细胞和成体干细胞?二者在个体发育中的作用是什么?
5. 简述干细胞的应用前景。

【参考答案】

(一) A 型题

1. A 2. D 3. C 4. A 5. D 6. C 7. A 8. A 9. D 10. B 11. E

(二) B 型题

1. ① A ② B ③ C ④ D
2. ① B ② E ③ A ④ B

(三) X 型题

1. ADE 2. ACD 3. ABC 4. AC 5. ABCE

(四) 问答题

1. 干细胞是一类具有自我复制能力的多潜能细胞,在一定条件下,它可以分化成多种功能细胞。

干细胞的分类方法有两种:①根据其分化潜能分为:全能干细胞、多能干细胞和单能干细胞。②根据其所处的发育阶段分为:胚胎干细胞和成体干细胞。

2. 细胞通常呈圆形或者椭圆形,体积较小,核质比相对较大。不同的干细胞生化特征有一定的差异,但都有较高的端粒酶活性,与其增殖能力密切相关。

3. 对于无脊椎动物来说,每个干细胞分裂产生一个干细胞和一个子代分化细胞,这样以维持干细胞自身数目恒定。

对于哺乳动物来说,干细胞分裂可产生两个干细胞或两个特定分化细胞,也可能是一个干细胞和一个特定分化细胞。但就整体干细胞来说,平均一个干细胞分裂可产生一个干细胞和一个特定分化细胞,这样从群体上同样维持了干细胞数目的恒定。

4. 胚胎干细胞是从着床前的内细胞团或原始生殖细胞获得的具有多潜能性,可以发育成为各种细胞,同时又可保持不分化状态持续生长的一类克隆细胞系。成体干细胞是一类成熟较慢但能自我维持增殖的未分化细胞,存在于各种组织的特定位置上。

胚胎干细胞的分化和增殖是构成动物发育的基础，即发育成为具有各种组织器官的个体；成体干细胞的进一步分化则是成年动物体内组织和器官修复再生的基础。

5. 研究干细胞的最终目的是应用干细胞治疗疾病。理论上讲，干细胞可以用于各种疾病的治疗。应用干细胞治疗疾病较传统方法具有很多优点：①低毒性（或无毒性），一次给药，长期有效；②不需要完全了解疾病发病的确切机制；③还可能应用自身干细胞移植，避免产生免疫排斥反应。

目前，已经能够在体外鉴别、分离、纯化、扩增和培养人体胚胎干细胞，并以这样的干细胞为"种子"，培育出一些人的组织器官。干细胞及其衍生组织器官的广泛临床应用，将产生一种全新的医疗技术，也就是再造人体正常的甚至年轻的组织器官，从而使人能够用上自己的或他人的干细胞或由干细胞所衍生出的新的组织器官，来替换自身病变的或衰老的组织器官。

利用胚胎干细胞治疗疾病有着广泛的应用前景，但它的应用还受到社会伦理方面的制约。而成体干细胞横向分化的发现对于细胞研究和应用具有革命性意义，人们可望从自体中分离出成体干细胞，在体外定向诱导分化为特定组织细胞，将这些细胞回输体内，从而达到长期治疗的目的。

干细胞研究与应用不仅在疾病治疗方面有着极其诱人的前景，而且将对克隆动物、转基因动物生产、发育生物学、新药物的开发与药效、毒性评估等领域产生极其重要的影响。

（成都医学院　杨雨晗）

第六篇　细胞工程

第二十六章　动物细胞工程所涉及的主要技术领域

【教学要求】

(一) 掌握

(1) 大规模细胞培养的基本原则。
(2) 细胞核移植的技术路线。
(3) 基因转移的基本方法。

(二) 熟悉

(1) 核移植的技术路线。
(2) 大规模细胞培养系统。

(三) 了解

(1) 大规模培养中优化细胞生长的环节。
(2) 细胞核移植的种类——胚胎细胞移植和体细胞移植。

【知识要点】

(一) 基本概念

(1) 细胞培养 (cell culture)　这是指在无菌条件下，从机体中取出组织或细胞，模拟机体内正常生理状态下生存的基本条件，让它在培养器皿中继续生存、生长和繁殖的方法，可分为原代细胞培养和传代细胞培养。

(2) 原代培养 (primary culture)　这是指从机体获得细胞或组织的首次培养，是建立各种细胞系的第一步。

(3) 传代培养 (subculture)　这也称再培养或继代培养，无论是否稀释，将细胞从一个培养瓶转移或移植到另一个培养瓶。

(4) 细胞系 (cell line)　这是指原代细胞经首次传代成功后的细胞，分为有限细胞系和连续细胞系。

(5) 细胞株（cell strain） 这是指从一个生物学鉴定的细胞系中用单细胞分离培养或通过筛选的方法由单细胞增殖形成具有特殊性状或标志的细胞群。

(6) 接触抑制（contact inhibition） 这是指细胞汇合相互接触后失去运动的现象。

(7) 密度抑制（density inhibition） 这是指细胞数量到一定数量后引起抑制增殖的现象。

(8) 克隆（clone） 这是指由单个细胞通过有丝分裂形成的细胞群体。

(9) 群体倍增时间（population doubling time） 这是指在对数生长期进行计算的细胞增加一倍所需的时间，如从 1×10^6 个细胞增加到 2×10^6 个细胞的时间间隔。

(10) 大规模细胞培养（large-scale cell culture）技术 这是指在人工条件下（设定 pH、温度、溶氧等）高密度大规模的在生物反应器（bioreactor）中培养细胞用于生产生物产品的技术，它是细胞工程的重要组成部分。

(11) 细胞核移植（nuclear transfer） 这是指利用显微注射装置将一个细胞的核植入于另一个已经去核的细胞中，以得到重组细胞的技术。

(12) 核酸疫苗（nucleic acid vaccine） 这也叫基因疫苗（genetic vaccine）、核酸免疫（nucleic acid immunization）、DNA 免疫（DNA based immunization），是指将含有编码抗原蛋白的基因序列的质粒载体，经肌肉注射或微弹轰击等方法导入体内，通过宿主细胞表达抗原蛋白，并由其诱导宿主产生对该抗原蛋白的免疫应答，以达到预防和治疗疾病的目的。

(二) 主要内容

细胞工程（cell engineering）也称细胞技术，它是在细胞水平上，采用细胞生物学、发育生物学、遗传学及分子生物学等学科的理论与方法，按照人们的需要对细胞的遗传性状进行人为地修饰，以获得具有产业化价值或其他利用价值的细胞或细胞相关产品的综合技术体系。细胞工程是现代生物技术（modern biotechnology）的基本组成部分之一，根据操作对象不同，细胞工程可分为微生物细胞工程、植物细胞工程和动物细胞工程。

1. 大规模细胞培养

(1) 大规模细胞培养的基本原则：增加培养容积；增大细胞的附着面积；抑制细胞凋亡；无血清培养。

(2) 大规模细胞培养系统：悬浮培养系统；气体驱动培养系统；微载体培养系统；灌流培养系统。

(3) 大规模培养中优化细胞生长的环节：量化评估大规模培养细胞的营养需求；探索大规模培养细胞合适的生存环境；鉴定细胞的健康状况。

2. 细胞核移植

(1) 核移植的技术路线：选择受体细胞；选择供核细胞；受体细胞去核；重构胚

的组建；重构胚的激活；重构胚的培养与移植。

(2) 胚胎细胞核移植技术。

(3) 成体细胞核移植技术。

3. 基因转移技术

(1) 物理法：电穿孔法；显微注射法；DNA 直接注射法。

(2) 化学法：脂质体包埋法；磷酸钙共沉淀转化法；DEAE-葡聚糖转化法。

(3) 生物法：腺病毒；反转录病毒；慢病毒。

【练习题】

(一) A 型题

1. 细胞株的特点是（　　）。
   A. 首次传代成功后的细胞群　　B. 遗传物质发生改变
   C. 由单细胞增殖形成具有特殊性状或标志的细胞群
   D. 体外转化的细胞群　　E. 核型为二倍体的细胞群

2. 下列哪项不是动物细胞培养的优点？（　　）
   A. 简化环境条件　　B. 提供广泛的活细胞材料
   C. 能同时提供大量生物性状相同的细胞
   D. 对环境条件要求严格
   E. 可进行模拟体内生命活动的实验

3. 用于动物细胞培养的组织和细胞大都取自胚胎或出生不久的幼龄动物的器官或组织，其主要原因是这样的组织细胞（　　）。
   A. 容易产生各种变异　　B. 具有更强的全能性
   C. 取材十分方便　　D. 分裂增殖的能力强
   E. 不易衰老

4. 下列哪项不是大规模细胞培养的基本原则？（　　）
   A. 增加培养容积　　B. 增大细胞的附着面积
   C. 增加血清浓度　　D. 抑制细胞凋亡
   E. 无血清培养

5. 一只羊的卵细胞核被另一只羊的体细胞核置换后，这个卵细胞经过多次分裂，再植入第三只羊的子宫内发育，结果产下一只羊羔。这种克隆技术具有多种用途，但是不能（　　）。
   A. 有选择地繁殖某一特性的家畜　　B. 繁殖家畜中的优秀个体
   C. 用于保存物种　　D. 改变动物的基因型
   E. 改变性别

6. 无血清培养基的缺点是（　　）。
   A. 有明确的质量标准　　B. 成分明确

C. 适用细胞谱系窄 D. 下游产品纯化容易
E. 易于产业化
7. 制备转基因小鼠常用的基因转移技术是（   ）。
A. 电穿孔法 B. 显微注射法
C. 脂质体包埋法 D. 磷酸钙共沉淀法
E. 腺病毒感染法
8. 血清的消毒方法是（   ）。
A. 过滤除菌 B. 干热消毒
C. 湿热消毒 D. 火焰消毒 E. 紫外线消毒
9. 核移植技术的受体细胞多采用（   ）。
A. MⅡ期卵母细胞 B. 胎儿体细胞
C. 原始生殖细胞 D. 胚胎干细胞
E. 成体细胞
10. 动物细胞工程中，最基本的技术手段是（   ）。
A. 细胞培养技术 B. 细胞融合技术
C. 基因打靶技术 D. 核移植技术
E. 转基因技术

（二）B 型题

1. A. 原代培养 B. 克隆化培养
   C. 传代培养 D. 微载体培养
   E. 无血清培养
① 能够集单层培养和悬浮培养于一体的培养方法为（   ）。
② 用胰酶消化原代培养后，转移到另一培养瓶继续培养称为（   ）。
③ 用流式细胞术挑选具有某种抗体标记的单个细胞进行培养的方法是（   ）。
④ 进行大规模细胞培养时，若其目的是为了生产某种特定的蛋白质，最好采用（   ）。
⑤ 从幼龄动物取出组织处理后，放入培养瓶中培养称为（   ）。

2. A. 胚胎细胞核移植技术 B. 成体细胞核移植技术
   C. 重构胚 D. 重编程
   E. 激活
① 核移植时，通过细胞融合使供核细胞与受体细胞发生融合并形成（   ）。
② 1997 年英国罗斯林研究所的 Wilmut 等采用一个 6 岁绵羊的乳腺细胞作为供核细胞，成功地培育了克隆羊"多莉"，这种技术称为（   ）。
③ 高度分化的体细胞核移植到成熟卵母细胞中表现出全能性，该过程称为（   ）。
④ 重构胚组合成功后，必须要模拟体内的自然受精过程，对重构胚进行

(　　)。

⑤ 中国学者童第周于 1963 年在世界上首次报道了将鱼类的囊胚细胞核移入去核未受精卵内，获得了正常的胚胎和幼鱼，这种技术称为（　　）。

3. A. 电穿孔法　B. 显微注射法　C. 脂质体包埋法
　　D. 反转录病毒　　　　　　E. 腺病毒

① 主要用于制备转基因动物的基因转移方法是（　　）。

② 利用脉冲电场提高细胞膜的通透性，在细胞膜上形成纳米级的微孔，使外源 DNA 转移到细胞中，这种方法称为（　　）。

③ 利用细胞膜的磷脂双分子层的性质和原理进行基因转移的方法是（　　）。

④ 不整合到宿主染色体上的病毒转染载体是（　　）。

⑤ 只感染分裂期细胞的病毒转染载体是（　　）。

（三）X 型题

1. 有关克隆羊"多莉"的说法正确的是（　　）。
   A. "多莉"的诞生属无性繁殖
   B. "多莉"的诞生采用了核移植技术
   C. "多莉"的诞生采用了胚胎移植技术
   D. "多莉"的诞生采用了细胞融合技术
   E. 动物细胞培养是整个技术的基础

2. 大规模细胞培养的基本原则是（　　）。
   A. 无血清培养　　　　　　B. 增大细胞的附着面积
   C. 抑制细胞凋亡　　　　　D. 增加血清含量
   E. 增加培养容积

3. 可用于增大细胞的附着面积的物质有（　　）。
   A. 微囊　　　B. 脂质体　　　C. 微载体
   D. 中空纤维　　E. 琼脂

4. 细胞核移植时可用供核的细胞有（　　）。
   A. 胚胎细胞　　B. 胚胎干细胞　　C. 淋巴细胞
   D. 胎儿体细胞　　E. 神经元

5. 可用于将 GFP 基因稳定转染入 HeLa 方法有（　　）。
   A. 电穿孔法　　B. 脂质体包埋法　　C. 磷酸钙共沉淀法
   D. 腺病毒　　E. 反转录病毒

（四）问答题

1. 大规模细胞培养的基本原则有哪些？
2. 简述哺乳动物核移植的基本技术路线。

【参考答案】

(一) A 型题

1. C 2. D 3. D 4. C 5. E 6. C 7. B 8. A 9. A 10. A

(二) B 型题

1. ① D ② C ③ B ④ E ⑤ A
2. ① C ② B ③ D ④ E ⑤ A
3. ① B ② A ③ C ④ E ⑤ D

(三) X 型题

1. ABCDE 2. ABCE 3. ACD 4. ABCDE 5. ABCE

(四) 问答题

1. 增加培养容积：要实现细胞的大规模培养，首先要考虑的因素就是培养的容积。培养的容积越大，细胞的产量就越高。

增大细胞的附着面积：绝大部分哺乳动物细胞均具有贴壁生长的特性，如何扩大细胞的附着面积也是提高所培养细胞产量的一个重要因素。基本方式是在细胞培养的容器中添加细胞附着生长的支持物。常用的支持物主要有微载体、中空纤维、微胶囊等。

抑制细胞凋亡：大规模细胞培养的后期，维持细胞的高活力是关键。细胞静止技术可以有效地降低营养成分消耗和代谢毒物产生，对提高培养细胞表达目的蛋白的产率是一种有效的手段。

无血清培养：下游产品纯化容易，产品回收率高，不存在病原体污染问题，易于产业化。

2. 选择受体细胞：可选择受精卵和 MⅡ期卵母细胞，它们的细胞质具有重编程能力，可使处于不同分化程度的供核细胞的核去分化并恢复到全能性状态。

选择供核细胞：胚胎细胞、未分化的原始生殖细胞、胚胎干细胞、胎儿体细胞、成体细胞甚至是高度分化的神经元、淋巴细胞等均可作为供核细胞的来源。

受体细胞去核：主要方法有紫外线照射去核、盲吸法去核、蔗糖高渗处理去核法、透明带打孔去核法、超速离心法。

重构胚的组建：有两种方法组建重构胚，一种是采用显微操作的方法，直接将供核细胞移植到去核受体细胞（MⅡ期卵母细胞或受精卵）的透明带下，再通过细胞融合（电融合或仙台病毒介导）的方法，使供核细胞与受体细胞发生融合，实现细胞核与细胞质的重组。另一种做法是以显微针反复抽吸，分离出供体细胞核，然后将供体细胞核直接注入已去核的受体细胞，直接构成重组胚，这种方法主要被用于克隆小鼠的制作。

重构胚的激活：正常受精过程中，会发生一系列的精子激活卵母细胞的事件。因此，在重构胚组合成功后，也必须要模拟体内的自然受精过程，对重构胚进行激活。激活通常采用化学激活与电激活方法。

重构胚的培养与移植：重构胚激活后，需经一定时间的体外培养，或放入中间受体动物（家兔、山羊等）的输卵管内孵育培养数日，待获得发育的重构胚（囊胚或桑椹胚）后，方可将其移植至受体的子宫里。

（第二军医大学　訾晓渊）

第二十七章 动物细胞工程的应用

【教学要求】

（一）掌握

(1) 基因工程动物的种类和概念。
(2) 组织工程的概念及其基本原理。
(3) 细胞治疗的概念及其基本原理。

（二）熟悉

(1) 单克隆抗体制备的原理。
(2) 基因工程动物制备的原理及应用。
(3) 细胞工程在生物医药领域的主要应用。

（三）了解

(1) 细胞治疗的新进展。
(2) 组织工程的新进展。

【知识要点】

（一）基本概念

(1) 基因工程动物（genetically engineered animal） 这是指通过遗传工程的手段对动物基因组的结构或组成进行人为的修饰或改造，并通过相应的动物育种技术，最终获得修饰改造后的基因组在世代间得以传递和表现的工程化动物。

(2) 转基因动物（transgenic animal） 这是指在动物基因组中引入特定的外源基因，使外源基因与动物本身的基因组整合，并随细胞的分裂而增殖，从而将外源基因稳定的遗传给下一代的基因工程动物。

(3) 基因敲除动物（gene knockout animal） 这是指在动物基因组的特定位点，利用同源重组的原理，通过 ES 细胞引入人为设计的基因突变，导致特定基因失活的基因工程动物。

(4) 乳腺生物反应器（mammary gland bioreactor） 这是指蛋白质在乳汁中高表达的转基因动物。

(5) 组织工程（tissue engineering） 这是应用细胞生物学、工程学和材料学的原理和方法，根据正常或病理状况下哺乳动物组织的功能、结构和生理机能，在体外或体内研究开发能够修复、维持或改善损伤组织的人工生物替代物的学科。

(6) 细胞治疗（cell therapy） 这是将体外培养的、具有正常功能细胞植入患者体内（或直接导入病变部位），以代偿病变细胞所丧失的功能。也可采用基因工程技术，将所培养的细胞在体外进行遗传修饰后，再将其用于疾病的治疗。

(二) 主要内容

细胞工程是生物工程的重要组成部分，在医学实践中有着极为广泛的应用。

1. 医用蛋白质的生产

(1) 单克隆抗体：B 淋巴细胞杂交瘤技术不仅将淋巴细胞产生单一抗体的能力和骨髓瘤无限增生的能力巧妙地结合了起来，而且还可以通过融合进一步地筛选获得具有期望专一性的抗体。

(2) 复杂人体蛋白：由于微生物缺乏蛋白质翻译后的加工修饰系统，故许多人体蛋白质必须用真核动物细胞表达。

2. 基因工程动物的制备

(1) 基本概念：基因工程动物、转基因动物、基因敲除动物。

(2) 疾病动物模型的制备。

(3) 动物生物反应器。

(4) 人类移植用器官的获得。

3. 组织工程

(1) 组织工程的基本原理和方法：①大规模扩增从体内分离获取的少量细胞；②在聚合物骨架上种植这些细胞，通过对骨架的内部结构与表面性能的优化设计，在"细胞-材料"及"细胞-细胞"的相互作用下，诱导细胞进行分化；③采用灌注培养系统，保持稳定的培养环境，长期维持工程组织正常的生长分化状态。

(2) 组织工程皮肤。

(3) 组织工程膀胱。

4. 细胞治疗

(1) 干细胞治疗。

(2) 细胞替代治疗。

(3) 工程化细胞治疗。

【练习题】

(一) A 型题

1. 单克隆抗体是由下列哪种细胞产生的？（　　）
A. B 淋巴细胞　　B. T 淋巴细胞　　C. 骨髓瘤细胞
D. 骨髓杂交瘤细胞　　　　　　　E. HeLa 细胞

2. 科学家用骨髓瘤细胞与某种细胞融合，得到杂交瘤细胞，经培养可产生大量的单克隆抗体,与骨髓瘤细胞融合的是（　　）。

　　A. 经过免疫的 B 淋巴细胞　　　　B. 没经过免疫的 T 淋巴细胞
　　C. 经过免疫的 T 淋巴细胞　　　　D. 没经过免疫的 B 淋巴细胞
　　E. 经过免疫的 T 淋巴细胞和 B 淋巴细胞

3. "生物导弹"是指（　　）。

　　A. 单克隆抗体　　　　　　　　　B. 杂交瘤细胞
　　C. 产生特定抗体的 B 淋巴细胞　　D. 在单抗上连接药物
　　E. 骨髓瘤细胞

4. 只能使动物细胞融合的常用诱导方法是（　　）。

　　A. 人工压力　　B. 灭活的病毒　　C. 电刺激
　　D. 离心　　　　E. PEG

5. 动物细胞融合技术最重要的用途是（　　）。

　　A. 克服远源杂交不亲和　　　　　B. 制备单克隆抗体
　　C. 培育新品种　　　　　　　　　D. 生产杂种细胞
　　E. 用于细胞替代

6. 关于单克隆抗体的不正确叙述是（　　）。

　　A. 化学性质单一　B. 用有性繁殖获得　C. 特异性强
　　D. 可用于治病、防病　　　　　　　E. 可以大量获得

7. 关于杂交瘤细胞的不正确叙述是（　　）。

　　A. 有双亲细胞的遗传物质　　　　B. 不能无限增殖
　　C. 可分泌特异性抗体　　　　　　D. 体外培养条件下可大量增殖
　　E. 通过细胞融合得到

8. 下列关于基因敲除实验的表述中,不正确的一项是（　　）。

　　A. 需要工程化的胚胎干细胞　　　B. 需要体外构建打靶载体
　　C. 敲除成功后目标基因不再存在
　　D. 所产生的嵌合体就是基因敲除的动物
　　E. 转化细胞需要抗生素筛选

9. 转基因动物是指（　　）。

　　A. 提供基因的动物　　　　　　　B. 基因组中加入了外源基因的动物
　　C. 能表达基因信息的动物　　　　D. 能产生特殊蛋白的动物
　　E. 缺失目标基因的动物

10. 由活细胞和生物可吸收材料组成的人造生物皮肤具的缺点是（　　）。

　　A. 产品质量可控　　　　　　　　B. 储存运输方便
　　C. 移植排斥反应发生轻微　　　　D. 具备完整的皮肤功能
　　E. 能为自体细胞修复伤口提供良好的生长环境

11. 下列哪种细胞不能直接用于细胞治疗？（　　）

　　A. 肝细胞　　　B. 间充质干细胞　C. 胚胎干细胞

D. 神经干细胞　　E. 工程化细胞

12. 组成型基因敲除小鼠的最大缺点是（　　）。
   A. 可能产生致死效应　　　　B. 最初产生的是嵌合体
   C. 无法完全敲除目的基因　　D. 无法传代
   E. 没有表型出现

13. 促红细胞生成素（EPO）基因能在大肠杆菌中表达，但却不能用大肠杆菌工程菌生产人促红细胞生成素，这是因为（　　）。
   A. 人 EPO 对大肠杆菌有毒性作用　B. 人 EPO 在大肠杆菌中不稳定
   C. 大肠杆菌内毒素与人 EPO 特异性结合并使其灭活
   D. 人 EPO 对大肠杆菌蛋白水解酶极为敏感
   E. 大肠杆菌不能使人 EPO 糖基化

（二）B 型题

1. A. 基因敲除　B. 转基因　　C. 诱导性基因敲除
   D. 核移植　　E. 同源重组
   ① 能够在特定时间和空间将目的基因去除的为（　　）。
   ② 能够正向分析目的基因功能的方法为（　　）。
   ③ 可以保护濒临灭绝动物的方法是（　　）。
   ④ 制备基因敲除动物时，打靶载体在 ES 细胞中必须发生（　　）。
   ⑤ 能够反向分析目的基因功能的方法为（　　）。

2. A. 细胞治疗　B. 组织工程　　C. 细胞工程
   D. 动物生物反应器　　　　　E. 真核表达系统
   ① 生产药用蛋白质的转基因动物被称为（　　）。
   ② 研发能够修复、维持或改善损伤组织的人工生物替代物的学科称为（　　）。
   ③ 对细胞的遗传性状进行人为地修饰的学科称为（　　）。
   ④ 将正常功能细胞植入病人体内以代偿病变细胞所丧失的功能称为（　　）。
   ⑤ 生产人体蛋白最好采用（　　）。

（三）X 型题

1. 将小鼠骨髓瘤细胞与一种 B 淋巴细胞融合，可使融合的细胞经培养产生单克隆抗体，其依据是（　　）。
   A. B 淋巴细胞可以产生抗体，但不能无限增殖
   B. B 淋巴细胞只有与骨髓瘤细胞融合后才能产生抗体
   C. 骨髓瘤细胞可以无限增殖，但不能产生抗体
   D. 骨髓瘤细胞可以产生抗体，但不能无限增殖
   E. 杂交瘤细胞既能产生抗体又能无限增殖

2. 关于转基因动物表述正确的是指（　　）。

A. 提供基因的动物　　　　　　B. 缺失目的基因的动物
C. 可用于产生医用蛋白　　　　D. 基因组中加入了外源基因的动物
E. 可表达设计的特异性状

3. 单克隆抗体可用于（　　　）。

A. 体外诊断试剂　　　　　　　B. 体内诊断试剂
C. 靶向药物载体　　　　　　　D. 治疗疾病
E. 敲除动物基因

4. 基因工程动物可用于（　　　）。

A. 制备疾病模型　　　　　　　B. 研究基因功能
C. 获得人类移植用器官　　　　D. 诊断疾病
E. 动物生物反应器

5. 组织工程的主要研究内容包括（　　　）。

A. 种子细胞　　　　　　　　　B. 生物支架材料
C. 构建组织和器官的方法　　　D. 大规模细胞培养
E. 组织工程的临床应用

（四）问答题

1. 简述组织工程的基本原理。
2. 简述基因工程在工、农、医三方面的成就及发展前景。
3. 简述干细胞治疗的基本策略。
4. 简述原核显微注射法制备转基因动物的主要技术路线。

【参考答案】

（一）A 型题

1. D　2. A　3. D　4. E　5. B　6. B　7. B　8. D　9. B
10. D　11. C　12. A　13. E

（二）B 型题

1. ① C　② B　③ D　④ E　⑤ A
2. ① D　② B　③ C　④ A　⑤ E

（三）X 型题

1. ACE　2. CDE　3. ABCD　4. ACE　5. ABDE

（四）问答题

1. 组织工程的基本设计原理是：分离自体或异体组织的细胞，经体外扩增达到一定的细胞数量后,将这些细胞种植在预先构建好的聚合物骨架上,这种骨架提供了细胞三维生长的支架,使细胞在适宜的生长条件下沿聚合物骨架迁移、铺展、生长和分化,最终发育形成具有特定形态及功能的工程组织。这一技术的关键是在细胞进行体外培养过程中,通过模拟体内的组织微环境,使细胞得以正常生长和分化。此过程通常包含三个关键步骤:①大规模扩增从体内分离获取的少量细胞;②在聚合物骨架上种植这些细胞,通过对骨架的内部结构与表面性能的优化设计,在"细胞-材料"及"细胞-细胞"的相互作用下,诱导细胞进行分化;③采用灌注培养系统,保持稳定的培养环境,长期维持工程组织正常的生长分化状态。

2. 基因工程在工业上的应用主要是生产医药产品,最典型的例子是通过细菌生产胰岛素,治疗糖尿病。目前通过细菌已经生产了表皮生长因子、人生长激素因子、干扰素、乙型肝炎工程疫苗等 10 多种医药产品。

基因工程在农业上的应用:以转基因植物为标志的植物基因工程已经培养出许多抗除草剂、抗虫、抗病、抗逆的优良品种和品系,如在全世界范围内大量推广应用的抗除草剂的大豆、抗棉铃虫的棉花等。通过转基因羊大量表达人类的抗胰蛋白酶;克隆动物的成功,可以挽救濒危的稀有动物。

基因工程在医学上主要是用于遗传疾病的诊断和基因治疗方面。

基因工程具有巨大和广泛的发展前景,将渗透到人类生活的各个方面。基因工程可以创造出营养价值更高、保健作用更好、抗逆性更强的植物种类;转基因动物的进展可以生产出多种用于人类遗传性疾病治疗的药物;人类基因组计划的完成和基因定位的发展尤其是核酸分子杂交原理和方法与半导体技术结合而发展起来的 DNA 芯片技术的出现和完善,将在人类遗传疾病的诊断和治疗等方面发挥重要作用。

3. 干细胞治疗的基本策略有两种。一种是直接利用干细胞或分化后的细胞修复或替代病损细胞,因为许多疾病都是由于细胞功能缺陷或异常造成的。通过植入功能正常的细胞,恢复其丧失的功能可以从根本上对疾病进行治疗。另一种是通过干细胞技术与转基因技术联合应用,制备工程化的细胞进行疾病治疗。正常的基因结构和功能是维持人体正常结构和生理状态的直接因素,疾病的发生不仅与基因结构的变异有关,而且与其功能异常有关。如将正常的有功能的基因转移到患者体内发挥功能,就可纠正患者体内所缺乏的蛋白质水平或赋予机体新的抗病功能。

4. 主要包括:转基因的准备;供体和受体动物的准备;受精卵的获得;受精卵的分离;原核显微注射;受精卵的移植;转基因动物首建者(founder)的鉴定和选育;转基因动物品系的建立;转基因动物的表型研究和表达产物的分离纯化。

(第二军医大学 訾晓渊)

主要参考文献

陈志南. 2005. 细胞工程. 北京：科学出版社
韩贻仁. 2001. 分子细胞生物学. 2版. 北京：科学出版社
胡以平. 2005. 医学细胞生物学. 北京：高等教育出版社
焦颜成. 2003. 细胞生物学题解精粹. 北京：崇文书局
斯坦菲尔德等. 2004. 分子和细胞生物学. 姜招峰等译. 北京：科学出版社
宋今丹. 2004. 医学细胞生物学. 3版. 北京：人民卫生出版社
宋今丹. 2004. 医学细胞生物学. 北京：人民卫生出版社
汤学明. 2004. 医学细胞生物学. 北京：科学出版社
王金发. 2003. 细胞生物学. 北京：科学出版社
魏保生. 2005. 细胞生物与分子生物笔记. 北京：科学出版社
杨抚华. 2006. 医学细胞生物学学习指导. 北京：科学出版社
杨抚华. 2010. 医学细胞生物学. 5版. 北京：科学出版社
翟中和等. 2002. 细胞生物学. 北京：高等教育出版社
赵刚. 1999. 医学细胞生物学实验与习题. 北京：科学出版社
左伋. 2002. 医学细胞生物学. 上海：复旦大学出版社